测巴渝山水
绘桑梓宏图
——重庆市2013-2015年度
优秀测绘论文集

主编○楚 恒

西南交通大学出版社
·成 都·

图书在版编目（ＣＩＰ）数据

测巴渝山水　绘桑梓宏图：重庆市 2013—2015 年度优秀测绘论文集 / 楚恒主编. —成都：西南交通大学出版社，2017.1

ISBN 978-7-5643-5143-4

Ⅰ. ①测… Ⅱ. ①楚… Ⅲ. ①测绘学 – 文集 Ⅳ. ①P2-53

中国版本图书馆 CIP 数据核字（2016）第 283944 号

测巴渝山水　绘桑梓宏图

——重庆市 2013—2015 年度优秀测绘论文集

主编　楚　恒

责 任 编 辑	杨　勇	
封 面 设 计	何东琳设计工作室	

出 版 发 行	西南交通大学出版社 （四川省成都市二环路北一段 111 号 西南交通大学创新大厦 21 楼）
发 行 部 电 话	028-87600564　028-87600533
邮 政 编 码	610031
网　　　　址	http://www.xnjdcbs.com
印　　　　刷	成都中铁二局永经堂印务有限责任公司
成 品 尺 寸	185 mm × 260 mm
印　　　　张	13.5
字　　　　数	337 千
版　　　　次	2017 年 1 月第 1 版
印　　　　次	2017 年 1 月第 1 次
书　　　　号	ISBN 978-7-5643-5143-4
定　　　　价	56.00 元

序

　　测绘是伴随人类在认识和改造世界的实践活动中发展起来的一门古老科学。据考证，公元前四千多年，古埃及就开始出现针对尼罗河泛滥后的耕地重新划界的测绘活动；公元前两千多年，我国也产生了早期的测绘活动，并出现了原始的地图。测绘学应用了数学、天文学、物理学、地学等科学，解决了人类对自然空间的正确认识和准确表达的问题，既是严谨求实的自然科学，也是人类文明的文化象征。千百年来，人类进步与测绘发展一直如影随形。如战争时期因军事侦查的需要发展起来的航空摄影测量学，和平时期因建设需要发展起来的工程测量学和地理信息系统等。至今为止，除测绘学科外尚未发现任何一项自然科学和人类社会发展如此结合紧密。

　　改革开放以来，随着我国综合国力的不断提高，测绘科技从模拟测绘发展到数字化测绘，再由数字化测绘发展到信息化测绘，实现了跨越式发展和历史性飞跃。近十年来，IT技术和高新测绘科技的结合，使高精度快速定位、智能化地图制图、海量数据处理、大数据挖掘成为可能，并衍生出"数字城市""智慧城市"等庞大的测绘地理信息产业。测绘地理信息行业拥有广泛的应用前景，已经成为具有强大生命力的朝阳产业。

　　创新是科技发展的动力，实践是检验创新的标准，论文则是创新和实践活动的总结。无数篇论文记录着无数个创新，记载着无数次有益实践，这些创新思维和实践的积累，将会沿着认识—实践—再认识—再实践的轨道，实现认识的飞跃。论文既是探讨测绘领域问题，进行学术研究的一种手段，又是描述测绘研究成果，实现学术交流的一种工具。它们是建造雄伟的测绘技术大厦的一块块砖头，为此我们向这些目前并不知名的论文点赞叫好，并向其作者表示鼓励，相信他们只要坚持不懈，不断在实践中总结，不断创新，必将成为测绘行业的栋梁之才。

科学发展，测绘先行，重庆是我国西部唯一的直辖市和国家级中心城市，是长江上游经济和金融中心，是我国重要的现代制造业基地和国家高技术产业基地，是国家统筹城乡综合配套改革试验区和国家西部大开发战略的重点实施地区，是西南地区综合交通枢纽和长江上游航运中心。要规划好、建设好、管理好重庆就必须要进一步搞好测绘保障工作。为实现测绘保障我市"科学发展、富民兴渝"总战略，我们测绘地理信息工作者一定要在社会经济发展大浪潮中，不断改革，创新进取，为将重庆建设成为西部地区测绘地理信息技术高地而努力奋斗。

重庆市测绘地理信息局

局长：

2016.9.20

目 录

资源三号卫星影像的融合方法研究及评价

周 群 [1,2] 楚 恒 [2] 罗再谦 [1]

（1. 重庆数字城市科技有限公司，重庆 400020；2. 重庆市勘测院，重庆 400020）

摘 要 利用 FIHS、GIHS、IHS 与 DWT 相结合、IHS 与 SWT 相结合 4 种遥感影像融合方法，对我国资源三号卫星重庆市两江新区某区域的多光谱影像与全色影像进行融合，与 ERDAS Imagine 中较好成像效果的 HPF 方法进行对比，并且采用主观评价和客观评价指标对其进行评价。结果表明，在运算速率要求较高时采用 GIHS 方法效果最佳。在成像效果要求较高时采用 IHS 与 SWT 相结合方法效果最佳。

关键词 资源三号卫星 影像融合 GIHS IHS＋SWT 质量评价

1 引 言

资源三号（Resources Satellite-3）测绘卫星是我国首颗民用高分辨率光学传输型立体测图卫星[1]，卫星集测绘和资源调查功能于一体。于北京时间 2012 年 1 月 9 日 11 时 17 分，在太原卫星发射中心由"长征四号乙"运载火箭成功发射升空。装载 2.1 m 分辨率正视全色 CCD 相机、3.5 m 分辨率的前后视相机和分辨率为 5.8 m 的多光谱相机，能够提供丰富的三维几何信息，实时将图像数据传回地面。与现有的资源类遥感卫星相比，资源三号测绘卫星图像分辨率高、图像几何精度和目标定位精度较高，其具有的 1：5 万比例尺的立体测图能力在国际上有很强的竞争力，对追赶国际卫星遥感技术具有十分重要的意义。

资源三号卫星传感器的全色波段为 450～800 nm，多光谱波段中蓝色波段为 450～520 nm，绿色波段为 520～590 nm，红色波段为 630～690 nm，近红外波段为 770～890 nm。

本文以资源三号卫星遥感数据为研究对象，利用 FIHS、GIHS、IHS 与 DWT 结合，IHS 与 SWT 结合等遥感影像融合方法，对重庆市两江新区某地方影像数据进行了融合，与 ERDAS Imagine 中较好成像效果的 HPF 方法进行对比，采用主观评价与客观评价相结合的方法对融合结果做出评价。

2 融合方法

受到技术的限制，大多数的卫星平台同时搭载多光谱（Multispectral，MS）波段传感器和全色（Panchromatic，PAN）波段传感器，但只能获取低分辨率度光谱影像或者高分辨率全色影像。为了便于对遥感影像的应用，我们采用的方法将低分辨率多光谱影像与高分辨率全色影像进行融合，获得同时具有丰富光谱信息和高分辨率的影像。本文主要采用的融合方式属于像素级多光谱影像与全色遥感影像的融合——全色锐化（Pansharpening）。

目前流行的全色锐化方法主要划分为成分替换 （Component Substitution，CS）和多分辨率分析（Multi-Resolution Analysis，MRA）两个类型[2-3]。而全色锐化方法研究也表现出两个趋势：一是对已有的成分替换方法进行综合分析给出该类融合方法的通用表达式，并以通用表达式为基础设计新的融合方法，例如 FIHS 和 GIHS；二是将成分替换方法与多分辨率分析方法相结合，得到具有更好性能的混合型融合方法，例如将 IHS 变换和 DWT（离散小波）结合起来，将 IHS 变换和 SWT（静态小波）结合起来。

2.1　FIHS 方法和 GIHS 方法

IHS 融合方法，以 IHS 颜色空间变换为基础。将 RGB 颜色空间中用三原色表示的彩色图像，转换为 IHS 颜色空间中用亮度（Intensity，I）、色度（Hue，H）以及饱和度 （Saturation，S）表示的彩色图像，然后用具有更高空间分辨率的全色图像来替换亮度图像 I，并进行 IHS 逆变换回到 RGB 颜色空间，最终得到分辨率增强的彩色图像。Tu[4]等在 2001 年通过对 IHS 变换的矩阵计算过程进行简化提出一种快速 IHS 融合方法，成为 FIHS 方法。FIHS 方法只是对 IHS 融合方法的简化，用 $\delta = I' - I = Pan^M - I$ 表示全色图像的空间细节信息，则有

$$
\begin{bmatrix} R' \\ G' \\ B' \end{bmatrix} = \begin{bmatrix} 1 & 1/\sqrt{2} & 1/\sqrt{2} \\ 1 & -1/\sqrt{2} & -1/\sqrt{2} \\ 1 & \sqrt{2} & 0 \end{bmatrix} \begin{bmatrix} I+\delta \\ v_1 \\ v_2 \end{bmatrix}
$$

$$
= \begin{bmatrix} 1 & 1/\sqrt{2} & 1/\sqrt{2} \\ 1 & -1/\sqrt{2} & -1/\sqrt{2} \\ 1 & \sqrt{2} & 0 \end{bmatrix} \begin{bmatrix} I \\ v_1 \\ v_2 \end{bmatrix} + \begin{bmatrix} 1 & 1/\sqrt{2} & 1/\sqrt{2} \\ 1 & -1/\sqrt{2} & -1/\sqrt{2} \\ 1 & \sqrt{2} & 0 \end{bmatrix} \begin{bmatrix} \delta \\ 0 \\ 0 \end{bmatrix} = \begin{bmatrix} R \\ G \\ B \end{bmatrix} + \begin{bmatrix} \delta \\ \delta \\ \delta \end{bmatrix} \quad （1）
$$

即只需要计算亮度图像以及空间细节图像，然后将空间细节与原多光谱图像相加，就能得到融合结果图像。FIHS 方法的表达式如下：

$$
I = (R+G+B)/3 \quad\quad\quad （2）
$$

$$
\begin{bmatrix} R' \\ G' \\ B' \end{bmatrix} = \begin{bmatrix} R \\ G \\ B \end{bmatrix} + \begin{bmatrix} \delta \\ \delta \\ \delta \end{bmatrix} \quad\quad\quad （3）
$$

原始的 IHS 融合方法，只能用于解决三波段多光谱图像与全色图像的融合问题。基于 FIHS 方法的表达式，则可以通过扩展亮度的定义，来实现更多波段多光谱图像的全色锐化。对于包含了蓝光、绿光、红光以及近红外光四个波段的多光谱图像，Tu[4]等提出采用如下的亮度定义来进行全色锐化：

$$
I = (R+G+B+NIR)/4 \quad\quad\quad （4）
$$

其中 NIR 表示经红外波段的多光谱图像。基于这种改进型 IHS 融合方法称为 GIHS 方法。

2.2 IHS 与小波相结合方法

多光谱图像的颜色空间变换与多尺度分解两种操作是可以并存的，在原理上没有重叠或抵触，而且具有互补性。事实上，目前许多较成熟的基于多分辨率分析的融合方法，也都是以成分替换方法为基础而实现的[5]。成分替换方法结合多分辨率分析的基本思路，就是在颜色空间变换之后，在变换域内对待替换的主元成分和全色图像进行基于多分辨率分析的融合，相当于对成分替换方法变换域内融合规则的进一步细化[6, 7]。本文采取与 IHS 与 DWT 相结合与 IHS 与 SWT 相结合的方法。其中 DWT 方法小波基采用 coin8，分解层数为 3 层。SWT 方法小波基采用 coin3，分解层数为 3 层[8]。

2.3 HPF 方法

HPF 方法实现遥感影像融合的基本原理较为简单。对于遥感影像来说，高频和低频分量分别包含图像的空间结构和光谱信息。该方法是把高分辨全色影像进行傅里叶变换从空间域转换到频率域，然后在频率域内对处理的图像进行高通滤波，获取图像的高频成分，将高频部分融合到多光谱图像中，最后获取融合图像。

3 融合质量评价

对融合得到的结果进行评价是非常重要的一个步骤。所采用的评价方法根据不同的要求，具体的应用场合往往需要对不同的方面做出评价，通常而言，评价方法可以分为两类：主观评价和客观评价。

主观评价主要依靠人眼进行主观评估，并从应用目的角度出发，而应用目的不同，所需要突出的地物相关特征也不同。通过主观评价可以快速地对比出图像质量的好坏。

由于融合图像的主观评价的随意性和波动性太大，标准不统一，因人而异，必须有一个客观的评价因子来进行较为客观的评价。本节实验中用到的客观评价标准有相对平均光谱误差（$RASE$）、相对全局维数综合误差（$ERGAS$）以及相关系数（CC、SCC）、平均梯度（AG）。

3.1 相对平均光谱误差（$RASE$）

其中，M 为原始多光谱影像的 N 个光谱波段的平均辐射值，$RMSE$ 为均方误差。

$$RASE = \frac{1}{M}\sqrt{\frac{1}{N}\sum_{i=1}^{N}RMSE^2(i)} \tag{5}$$

$$RMSE = \sqrt{\frac{1}{MN}\sum_{i=1}^{M}\sum_{j=1}^{M}[F(x_i, y_i) - G(x_i, y_i)]^2} \tag{6}$$

3.2 相对全局维数综合误差（$ERGAS$）

其中，h 和 l 分别表示参与融合的全色图像与多光谱图像各自的分辨率，N 为参与融合多光谱图像的波段数，M_i 为参加融合处理的每个光谱波段的平均辐射值，$RMSE（i）$是第 i 个波段的融合结果图像相对于参考图像像元值的均方根误差。

$$ERGAS = 100\frac{h}{l}\sqrt{\frac{1}{N}\sum_{i=1}^{N}\frac{RMSE^2(i)}{M_i^2}} \tag{7}$$

3.3 相关系数（CC）

反映影像融合结果影像与原始多光谱影像之间在光谱特征上的相似性。其相似度越高，则表示融合后的影像对多光谱影像的光谱特征保持度越高。用来反映 R 和 F 之间的相关程度，若相关系数越大，说明融合质量越好。定义如下：

$$Corr(R.F) = \frac{\sum_{i,j}[R(i,j)-\bar{R}]\times(F(i,j)-\bar{F})}{\sqrt{\sum_{i,j}[(R(i,j)-\bar{R})^2]\sum_{i,j}[(F(i,j)-\bar{F})^2]}} \tag{8}$$

3.4 空间相关系数（SCC）

通过计算全色波段图像与融合后的多光谱图像之间的相关系数确定，相关程度越高，表明越多的纹理信息被融合到相应波段中。在计算空间相关系数时，首先利用拉普拉斯滤波器，即

$$\begin{bmatrix} -1 & -1 & -1 \\ -1 & 8 & -1 \\ -1 & -1 & -1 \end{bmatrix} \tag{9}$$

对多光谱融合影像与全色影像分辨进行高通滤波，然后再分别计算高通滤波后的全色影像与多光谱融合影像各个波段之间的相关系数。

3.5 平均梯度（AG）

可敏感地反映图像对微小细节反差表达的能力，因此可用来评价图像的清晰程度。一般来说，平均梯度越大，图像就越清晰。其中 $\Delta xF(x,y)$、$\Delta yF(x,y)$ 分别为影像 $F(x,y)$ 沿 x 和 y 方向的差分。

$$\nabla \bar{G} = \frac{1}{MN}\sum_{i=1}^{M}\sum_{j=1}^{N}\sqrt{\Delta xF^2(x,y)+\Delta yF^2(x,y)} \tag{10}$$

4 试验结果及评价

影像融合的目的是在尽量减少原始影像数据相关信息损失的前提下，提高影像的可判断性，即融合后的影像兼具全色影像的高空间分辨率和多光谱数据丰富的色彩信息。因此，对于融合影像的质量，可以从影像的空间分辨能力与光谱信息两个方面考虑。本次试验通过主观评价和客观评价对试验结果进行分析。

4.1 主观评价

如图 1 所示，从视觉效果上可以看出，5 种融合后影像的空间分辨率有明显的提高，更加清晰，更容易判读。首先对比一下 FIHS 和 GIHS 方法，两种方法空间信息增强方面效果都非常好，但 FIHS 颜色失真较大，特别是绿地，颜色整体偏淡，而一些蓝色建筑颜色偏重，也就是说在保持光谱信息能力方面存在一定的缺陷。GIHS 相比 FIHS 来说，在纹理信息方面基本上没有弱化，颜色保真有了很大的提高，IHS + DWT 和 IHS + SWT 从目视效果来看均达到了良好的效果。不论是从融合影像的空间分辨能力，还是从光谱信息保持能力，都验证了我们融合方法的正确性。HPF 方法在光谱保持性方面效果要好于 FIHS 方法和 GIHS 方法，但是整体颜色偏重，清晰度也略低于以上 4 种方法。

图 1　原始全色图像　　　图 2　原始多光谱图像　　　　HPF 方法

图 3　FIHS 方法图　　　　　图 4　GIHS 方法

图 5　IHS 与 DWT 相结合　　　图 6　IHS 与 SWT 相结合

4.2 客观评价

在本次试验中，通过计算影像的 *RASE*、*ERGAS*、*CC*、*SCC* 和 *AG* 这 5 个参数来比较、分析各融合方法对空间信息的增强及光谱信息的保持能力。各个参数的统计值见表 1。

我们首先分析一下 FIHS 和 GIHS。在光谱保持性方面，由于 GIHS 方法加入了近红外波段，使之与多光谱影像相关性增强，效果明显优于 FIHS，在清晰度方面 *SCC* 和 *AG* 的值都比较接近于 FIHS 方法。也验证了我们目视得到的结果，GIHS 在稍微降低清晰度的同时大大提高了光谱保真度。对于两种混合型融化方法 IHS + SWT 以及 IHS + DWT，从各项数据来看，我们得到的结果都比较类似，清晰度和 GIHS 得到的结果不相上下，在光谱保真度方法较前两种方法都有了很大的提升，并且 IHS + DWT 方法的结果要优于 IHS + DWT 方法。这与目视效果达到一致。HPF 融合方法结果在光谱行方面高于 FIHS 方法，清晰度和以上方法有所差距。

表 1 图像融合评价参数统计

融合 方法	*RASE* （理想值：0）	*ERGAS* （理想值：0）	*CC* （理想值：1）	*SCC* （理想值：1）	*AG* （越大越好）	运算 时间 （单位：s）
HPF	0.232 5	0.643 0	0.940 5	0.870 3	7.330 9	0.159 2
FIHS	0.234 2	0.650 1	0.789 8	0.990 0	10.805 2	0.628 7
GIHS	0.178 2	0.494 9	0.871 4	0.981 4	9.865 9	0.630 9
IHS + DWT	0.117 9	0.327 4	0.947 9	0.963 8	9.833 9	1.113 2
IHS + SWT	0.115 1	0.319 5	0.952 1	0.971 5	9.682 8	1.413 6

从融合图像质量客观评价中可以看出，各种方法都有其优劣。如果纯粹的希望得到既清晰光谱性又好，IHS + SWT 方法较为合适，随之带来的是运算量巨大。如果在希望能保证速度的同时得到成像较好的影像，GIHS 方法较为合适。在对图像质量要求不高时，HPF 方法它的速度是无可比拟的。

5 结束语

本文选取四种代表方法对我国首颗高精度民用立体测绘卫星资源三号测绘卫星重庆市两江新区某地区域全色与多光谱影像进行融合，并与 HPF 方法进行对比研究。通过研究得出对于运算速度和影像质量的需求的不同，所采取的方法也不同。要想两者兼得，融合方法的研究不能仅停留在算法的组合和复加上，而是将侧重理论体系和统一框架的研究上[9-10]。目前面向分类、变化监测、目标识别的融合研究还不足，未来将进一步针对具体的数据源、结合遥感技术进行更为广泛的融合研究，突出应用目的性和特殊性。

参考文献

[1] LI DEREN. China's First Civilian Three-line-array Stereo Mapping Satellite：ZY-3[J]. Acta Geotactic et Cartographical Sonica，2012，41（3）：317-322.

[2] AIAZZI B，BARONTI S，LOTTI F. A comparison between global and context-adaptive pan sharpening of multispectral images[J]. Geoscience and Remote Sensing letters，IEEE，2009，6（2）：302-306.

[3] JAEWAN C, JUNHO Y, ANJIN C. Hybrid Pan sharpening Algorithm for High Spatial Resolution Satellite Imagery to Improve Spatial Quality[J]. Geoscience and Remote Sensing Letters, IEEE, 2013, 10（3）: 490-494.

[4] TU T M, HUANG P S, HUNG C L, et al. A fast intensity-hue-saturation fusion technique with spectral adjustment for IKONOS imagery[J]. Geoscience and Remote Sensing Letters, IEEE, 2004, 1（4）: 309-312.

[5] SHAH V P, YOUNAN N H, KING R L. An efficient pan sharpening method via a combined adaptive PCA approach and contourlets[J]. Geoscience and Remote Sensing, IEEE Transactions on 2008, 46（5）: 1323-1335

[6] 薛坚, 于盛林, 王红萍.一种基于提升小波变换和 IHS 变换的图像融合方法[J].中国图象图形学报, 2009, 14（2）: 340- 345.

[7] GONG JIANZHOU, LIU YANSUI, XIA BEICHENG. Response of Fusion Images to Wavelet Decomposition Levels of Integration of Wavelet Transform and IHS with Multiple Sources Remotely Sensed Data[J]. Journal of Image and Graphics, 2010, 15（8）: 1269-1270.

[8] CHU HENG, CHEN HUAGANG. A New Remote Sensing Image Fusion Algorithm in the Decimated Wavelet Domain [J]. Opto-Electronicb Engineering Feb, 2009, 36（2）: 91-95.

[9] DOU WEN, CHEN YUNHAO, HE HUIMING. Theoretical Framework of Optical Remotely Sensed Image Fusion [J]. Acta Geodaetica et Cartographica Sinica, 2009, 38（2）: 131-137.

[10] YANG JINGHUI, ZHANG JIXIAN, LI HAITAO. Generalized Model for Remotely Sensed Data Pixel level Fusion and its Implementation Technology [J]. Journal of Image and Graphics, 2009, 14（4）: 604-614.

第一作者简介 周群, 研究生, 现在主要从事遥感影像融合、影像分类的技术与应用研究工作。

基于多波束测量数据的航道可通航性分析[①]

黎 力[1, 2, 3] 李 振[4] 蒋宇雯[1]

（1. 武汉大学 测绘学院，湖北 武汉 430079；2. 重庆市国土资源和房屋勘测规划院，重庆 400020；
3. 国家遥感应用工程技术研究中心重庆研究中心，重庆 400020；
4. 扬州大学 水利科学与工程学院，江苏 扬州 225127）

摘 要 基于多波束测量数据快速构建高分辨率高精度航道水下地形，然后根据流体力学模型和原胞自动机算法反演航道水位面，最后利用航道水位、通航条件和通航尺度等综合条件分析了航道的可通航性。利用以上方法，基于多波束测量数据和航道水文动态监测数据提高了航道可通航性分析的效率。

关键词 多波束 水下地形 水位面 航道可通航性

1 引 言

航道可通航性检测对于航道管理、航道通航安全起着至关重要的作用。传统的航道通航安全分析，使用的测深数据大多为单波束测量数据，所得到的航道水下地形精度不高，并且人工地进行分析判断，不利于及时进行航道通航的调整调度。针对传统航道通航性分析的不足，本文提出了利用高精度、高密度和全覆盖的多波束测量数据[1]，采用计算机自动进行航道可通航性分析，从而得到实时的、高精度的检测结果。

本文从多波束测深数据出发，快速构建高精度的航道水下地形，然后基于流体力学模型和原胞自动机算法反演航道水位面，最终利用航道水位、通航条件和通航尺度等综合条件对航道可通航性进行评价，并且基于多波束测量数据对提出的方法进行了分析验证。

2 利用多波束数据构建高精度航道水下地形

在建立高精度航道水下地形时，充分考虑多波束测量数据的海量特征以及航道的带状分布特征和高精度要求，采用分块的方法，基于每块地形数据单独构建 DEM，最后将分块建立的 DEM 合并成一个 DEM。具体构建方法如下。

2.1 数据分块

采用地形适应性好的四叉树分块方法对多波束水深数据进行分块存储。给定数据分块后

---

① 项目来源：国家重点基础研究发展计划资助，项目号 2010CB731800

每一数据块允许包含的最大点数，然后对水深点覆盖的范围进行不断的四分，直到所有分块后的数据块中的点数都小于或等于限定点数为止。分块算法思想如图 1 所示。

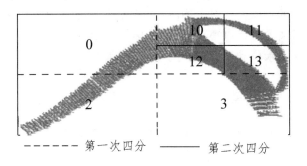

图 1　四叉树分块算法思想

2.2　生成分块航道水下地形

针对航道水下地形的复杂性和危险水深等特殊特征的存在，采用一种基于 TIN 内插生成格网 DEM 数据的方法，保证水下地形的地貌特征完好和内插后格网的精度。首先采用完整的凸闭包插入算法构建 TIN，然后使用动态距离加权的内插方法对格网点进行高质量内插。

2.3　DEM 拼接

建立分块 DEM 后，利用块之间的重叠区域将 DEM 分块拼接成一个整体连续无缝的 DEM，最终得到高精度的航道水下地形。

3　基于流体力学模型反演航道水位面

为了反演真实的航道水位面，采用基于水力学的水流计算模型得到详细的水流信息，然后利用广度优先搜索算法获得水流演进范围，并采用原胞自动机算法模拟航道水流的方向和速度，实现完整的航道水位面反演。

3.1　基于水力学水流计算模型演进水流

区域之间存在水位差使得水会往低处流动，从而产生水流演进，最终达到水位平衡状态。具体做法是首先用数值方法直接求解二维浅水方程[2]：

$$\frac{\partial h}{\partial t}+\frac{\partial(hu)}{\partial x}+\frac{\partial(hv)}{\partial y}=0 \tag{1}$$

$$\frac{\partial(hu)}{\partial t}+\frac{\partial(hu^2+0.5gh^2)}{\partial x}+\frac{\partial(huv)}{\partial y}=gh(S_{ox}-S_{fx}) \tag{2}$$

$$\frac{\partial(hv)}{\partial t}+\frac{\partial(hv^2+0.5gh^2)}{\partial y}+\frac{\partial(huv)}{\partial x}=gh(S_{oy}-S_{fy}) \tag{3}$$

其中，h 为水深，u、v 分别为 x、y 方向上的流速，S_{ox}、S_{oy}、S_{fx}、S_{fy} 分别为 x、y 方向的河床斜率和摩擦阻力。

然后引入动力学中的上风格式对上述浅水方程进行分解，再采用水动力学离散方法对浅水方程进行离散，求解离散方程以得到非结构网格上各离散点的数值。最终获得航道水下地形各网格节点处的水深、水位和 x、y 方向上的水流信息。

3.2 基于广度优先搜索航道边界

将整个地形当作一张无向图，通过在图上进行连通性分析找到在某一特定水位条件下的地形图的最大连通构件，从而得到水流演进范围。

具体做法是将三维地形投影到二维平面上，则地形高程成为二维平面格网的附属高度信息。采用广度优先搜索算法（Breadth First Search，BFS），以待判断网格是否与已经淹没的网格相邻和网格的平均高程是否低于设定的水位作为边界搜索的判断条件对无向图进行搜索，从而得到航道边界。

3.3 基于原胞自动机算法模拟航道水流流向及流速

在水流演进 CA 模型[3]中使用 Manning 方程来计算每个原胞上的水流速度，公式如下：
已知当前原胞的水流深度 $depth$、原胞的水面坡度 S 以及地表粗糙度系数 n，则速度 vel 为：

$$vel = \frac{depth^{2/3} \cdot S^{1/2}}{n} \tag{4}$$

水流穿过原胞代表的地表空间所需时间 T_t 为

$$T_t = W / V \tag{5}$$

以 D8 水流单流向判断算法为基础构建水流演进 CA 模型局部规则[4]，判断水流方向。

$$f: S_i^{t+1} = f[(S_i^t, S_N^t), A] \tag{6}$$

其中，(S_i^t, S_N^t) 为时刻 t 时中心原胞和邻域原胞核心状态的组合，A 为中心原胞及其邻域原胞辅助状态的组合，f 为原胞自动机的局部演化规则。

输入原胞辅助状态变量（DEM、地表摩擦系数等），通过 Manning 方程实时计算出原胞的核心状态即可得到航道水位反演[5]。

4 航道可通航性检测

主要基于通航水位、通航条件（例如通航尺度、水流条件、气象条件等）、船舶尺度与通航尺度等条件对航道可通航性进行分析。

首先，根据所得的高精度航道水下地形得到航道中心线，从而生成等距、垂直于河道中心线的航道横断面。然后，根据反演所得的航道水位面与航道横断面相交得到航道的宽度 B_1：

$$B_1 = B_F + 2d \tag{7}$$

$$B_F = B_S + L\sin\beta \tag{8}$$

式中：B_1 为直线段单线航道宽度（m）；B_F 为航迹带宽度（m）；d 为船舶或船队外舷至航道边缘的安全距离（m），船队可取（$0.25 \sim 0.30$）B_F，货船可取（$0.34 \sim 0.40$）B_F；B_S 为船舶或船队的宽度（m）；L 为顶推船队长度或货船长度（m）；β 为航行漂角（°），Ⅰ ~ Ⅴ级航道可取 3°，Ⅵ级和Ⅶ级航道可取 2°。

式（7）中未考虑风和流等动态因素的影响，而风和流对船舶航行安全非常重要。[5]本文在式（7）的基础上加入上述动态因素的影响：

假设船速 U_c(m/s) 和流速 U_s(m/s) 已知，则流所致的漂移量为 ΔB_1(m)：

$$\Delta B_1 = U_X S / (|U_c\cos\beta + U_s\cos\partial|) \tag{9}$$

式中：U_X 为横向速度；S 为航道长度。

船舶在风中航行时，受风的影响既要发生偏转又要发生漂移，风所致的漂移量为 ΔB_2(m)：

$$\Delta B_2 = K \cdot \left(\frac{B_\partial}{B_w}\right)^{1/2} \cdot \mathrm{e}^{-0.14V} \cdot V_\partial \cdot S \cdot \frac{\sin\partial_f}{|V\cos\partial + U\cos\beta|} \tag{10}$$

式中：$K = \left(\dfrac{\rho_\partial \cdot C_\partial}{\rho_w \cdot C_w}\right)^{1/2}$，一般取 $0.038 \sim 0.041$；B_∂ 为船体水线上侧受风面积（m²）；B_w 为船体水线下侧受风面积（m²），取 $B_w = L \times d$；V_∂ 为相对风速（m/s）；V_S 为风中船速（m/s）；∂_f 为风作用方向与航道轴线的夹角（°）。

最终，航道宽度为：

$$B_1 = B_F + 2d + \Delta B_1 + \Delta B_2 \tag{11}$$

利用计算所得的宽度和深度，与规定的可通航的宽度、深度进行比较，初步判断通航性。

然后结合水流条件和气象环境等因素得到可通航性的进一步结论。图 2 即为可通航性检测的流程。

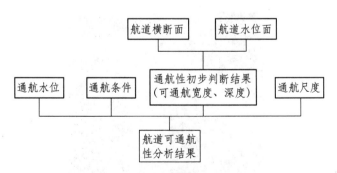

图 2　航道可通航性检测流程

5 实验数据分析验证

实验中利用 ATLAS FANSWEEP 200 测量的多波束数据构建了高精度的航道地形。如图 3 所示为 1 : 500 的航道地形线化图。

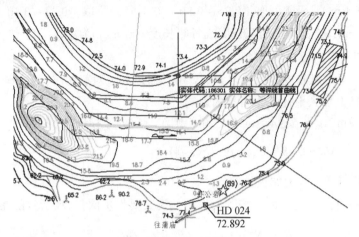

图 3 航道地形线化图

利用航道水文监测站的动态监测数据,根据航道水位面反演理论对反演的航道水位面和航道水流变化情况,使用 VC + + 和 Multigen Vega 进行了可视化,如图 4 ~ 图 6 所示。可以看出基于流体力学模型计算演进的水流与真实水流情况相似,能够较真实地反映出航道的水流变化。

图 4 航道水流模拟图 1

图 5 航道水流模拟图 2

图 6　航道水流模拟图 3

　　根据所建立的高精度航道水位面和反演的水流模型，可以对航道可通航性情况进行实时的判断。

6　结　语

　　本文提出的航道可通航性的计算机自动检测方法，通过多波束测量数据构建了高精度的航道水下地形，基于流体力学模型和原胞自动机算法反演了航道水位面，从而自动计算出了航道的宽度和深度，为航道可通航性检测提供了重要的依据。该方法弥补了传统人工判断的不足，有利于进行实时的航道管理、航道通航安全分析。

参考文献

[1]　刘经南，赵建虎. 多波束测深系统的现状和发展趋势[J]. 海洋测绘，2002（05）：3-6.

[2]　王虹，靳宝华，王健. 长河段二维水流模型参数的合理选择[J]. 水力发电学报，2005，24（4）：114-118.

[3]　谢余才. 河道演化的动力学模拟研究[D]. 宁夏大学，2011.

[4]　MURRAY A B，PAOLA C. Properties of a cellular braided-stream model. Earth Surf，Landforms，22：1001-1025.

[5]　吴萍莉. 浅析 GIS 与 CA 在生态系统中的集成应用[J]. 能源与环境，2008（1）：75-76.

[6]　邓良爱，杨伟，刘明俊. 弯曲河段宽度与航道通航能力关系研究[J]. 交通信息与安全，2010，28（6）：14-16.

基于小波理论的桥梁变形监测数据处理与分析

石 频 李忠仁 刘 娜

（重庆地矿测绘院）

摘 要 针对桥梁变形监测数据噪声的特点，选取了合适的小波基函数，利用小波分析理论对变形监测数据进行粗差探测和去噪处理。研究了桥梁变形监测数据在小波分解高频系数下的细节特征和突变点，变形监测数据噪声的特点以及对桥梁变形监测数据的影响。通过分析发现，噪声较大的点通常出现在下沉周期中的个别拐点上，为桥梁的安全信息化施工提供重要指导作用。

关键词 小波分析 桥梁变形监测 去噪

1 引 言

桥梁的变形，实际上就是一种随空间和时间变化的信号，变形分析可归结为信号分析。由于测量仪器的精度、周围环境干扰和人为操作等因素的影响，测量数据呈现出一定的波动性，这是一些噪声信号和真实信号相互混杂的结果。噪声数据的出现对研究变形观测规律造成了一定的影响。小波分析是在傅里叶分析的基础上发展起来的，具有多分辨率的特点，较好地解决了时域和频域分辨率的矛盾，巧妙地利用了非均匀分布的分辨率，在低频段用较高的频率分辨率和较低的时间分辨率，而在高频段则采用较低的频率分辨率和较高的时间分辨率。小波变换可以很好地获得信号的局部化特性，能有效地消除噪声，并且对突变信号和非平稳信号的检测非常有效[1]。

本文针对桥梁变形监测数据噪声的特点，选择了一种最佳的去噪小波函数，对桥梁变形观测数据进行小波分解，并对分解后的细节信息进行分析。利用小波探测粗差的方法对变形监测数据进行粗差探测，最后利用小波阈值去噪法对桥梁变形监测数据进行消噪处理，并对消噪的结果进行分析。

2 桥梁变形观测数据噪声的来源及特点

桥梁变形的原因主要有：在桥梁施工过程中因改变了基岩的原始受力，产生了回弹，而随着桥墩的建造，桥墩面基础受力的逐渐增加，基础会逐渐下沉。施工时的震动、风力等的作用产生的变形。由于温度和水位季节性和周期性变化以及水流方向的变化，桥梁将产生规律变形。在偶然情况下的突发事件也可能导致桥梁发生突变[2]。

在外业采集变形观测数据时，通常会受到测量过程、测量条件、测量仪器以及人为操作等客观、主观因素的干扰，这些干扰导致信号失真，这也就是噪声的主要来源。

本文中数据采集所用的仪器是 Trimble DINI 电子水准仪，高程测量标准偏差为每千米往返中误差 0.3mm，高程观测值分辨率 0.01mm。由测量仪器所产生的噪声来源主要有：第一，光学和机械部件引起的误差。如圆水准器误差、调焦透镜运行误差和竖轴倾斜引起的视轴误差等。第二，自动补偿装置引起的误差。误差包括：补偿器安平误差、剩余补偿误差。第三，电子设备引起的误差。在光线强弱变化、条码标尺表面光照不均匀、观测瞬间强光闪烁、外界气流抖动等情况下，可能会降低标尺成像的对比度而引起误差[3]。

人为操作及外界条件而引起的误差主要有：第一，在测量时钢钢标尺倾斜所引起测量误差。第二，采集数据时水准仪与钢钢尺距离间隔 20m 左右，前后视距相差不能过大，否则就会加大大气垂直折光的影响。第三，在测量过程中由于工地上的施工所引起的地面振动的影响，造成测量噪声。

不同的噪声通常有不同的表现形式，其小波变换的特性也是不同的。人为操作以及外界干扰引起的误差通常表现为随机性和突变特性。由测量仪器所造成的噪声通常表现为系统性干扰信号。桥梁变形观测数据的采集往往会受到这些随机或不确定性因素影响而产生误差干扰，这些误差干扰一般均较小，对信号的综合影响表现为在信号中叠加随机误差，即观测序列中含有高斯白噪声[4]。一个含噪声的一维信号的模型可以表示成如下形式：

$$S(t) = f(t) + \sigma \cdot e(t) \qquad (t = 0,1,2,\cdots,n-1) \tag{1}$$

式中 $f(t)$ 为真实信号，$e(t)$ 为噪声，$S(t)$ 为含噪声的信号。桥梁的真实变形监测数据，通常表现为低频信号或是一些比较平稳的信号，而噪声信号通常表现为高频信号。

3 最优小波基的选取

3.1 小波去噪效果评价方法

常用的评价指标有均方误差（$RMSE$）、信噪比（SNR）和平滑度指标。

均方误差即原始信号与去噪后的估计信号之间的方差的平方根，其定义为：

$$RMSE = \{\sum [f(n) - \hat{f}(n)]^2 / n\}^{1/2} \tag{2}$$

式中，$f(n)$ 为原始信号，$\hat{f}(n)$ 为去除噪声后的信号。

信噪比（dB）是测量信号中噪声量度的传统方法，其定义式为：

$$SNR = 10\log_{10}(p_s / p_z) \tag{3}$$

式中，$p_s = [\sum_n f^2(n)] / n$ 为原始信号功率，$p_z = RMSE^2$ 为噪声功率。信噪比越大，去噪效果越好。

然而信噪比在评价去噪标准时，有时不能完全放映去噪的效果。平滑度指标在评价去噪效果时会有更好的效果。其定义为：

$$r = \{\sum_{n+1} [\hat{f}(n+1) - \hat{f}(n)]^2\} / \{\sum_{n+1} [f(n+1) - f(n)]^2\} \tag{4}$$

式中，$f(n)$ 为原始信号，$\hat{f}(n)$ 为去噪后的信号。该指标能反映出信号去噪后的平滑程度，是一个重要的判断信号去噪效果的指标[5]。

3.2 选择最优小波基函数

在小波分析应用中，最优小波基的选取非常重要。选用不同的小波基分析问题会产生不同的效果。小波函数与信号噪声的相似度越大，小波变换后去噪效果越好。最佳小波基的选择，一般根据信号特征和实际应用效果而定，目前主要是通过用小波分析方法处理信号与理论分析结果的误差相结合来判定小波基的好坏，并由此选定小波基[4]。

表 1 不同小波分解重构去噪效果的指标值

小波函数	RMSE	SNR	r
Haar	0.844 179	14.527 9	0.790 68
Db6	0.715 423	15.965 4	0.142 552
Db10	0.715 716	15.961 8	0.146 44
Sym6	0.725 48	15.844 1	0.152 561

本文选择 Haar 小波、Daubechios（Db6、Dbl0）小波、Mexican Hat 小波这四种常用小波对加入高斯白噪声的信噪比为 3 的 blocks 信号进行分解和低频重构去噪实验，所获的结果如表 1 中所示。

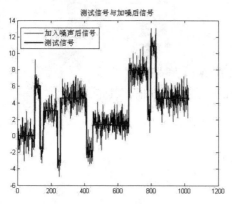

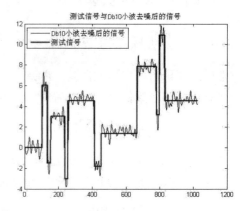

图 1 测试信号与加入高斯白噪声后的信号　　图 2 测试信号与 Db10 小波去除噪声后的信号

从表 1 中可以看出在这四种去噪小波所得到的结果是，D6 小波去噪后与原测试信号相比，均方根误差最小，信噪比最高，但其平滑度指数也最低。Db10 小波去噪后所获得的均方根误差比 Db6 略大，信噪比略小，但平滑度指数比 Db6 小波要高。综合各种因素分析可以看出 Db10 小波在去除高斯白噪声中效果较好。图 1 显示的是测试的 blocks 信号与加入信噪比为 3 的高斯白噪声后的信号图像。图 2 显示的是用 Db10 小波除噪后的效果图。

4 变形观测数据的处理及分析

表 2 是一组桥梁墩台的变形观测数据。该组变形数据描述的是某大桥从建设初期到竣工运行时间段内定期进行沉降变形观测所获得的原始下沉数据序列，观测时间是从 2009 年到 2010 年，每周进行一期观测，获得了 40 期的观测数据。

表 2 沉降观测数据 mm

第 1 期	第 2 期	第 3 期	第 4 期	第 5 期	第 6 期	第 7 期	第 8 期
0.00	− 0.70	− 1.85	− 3.00	− 4.60	− 5.55	− 6.55	− 13.90
第 9 期	第 10 期	第 11 期	第 12 期	第 13 期	第 14 期	第 15 期	第 16 期
− 16.90	− 19.25	− 21.60	− 23.30	− 24.85	− 28.80	− 33.35	− 35.40
第 17 期	第 18 期	第 19 期	第 20 期	第 21 期	第 22 期	第 23 期	第 24 期
− 37.10	− 36.90	− 36.80	− 37.40	− 37.70	− 37.60	− 37.60	− 38.40
第 25 期	第 26 期	第 27 期	第 28 期	第 29 期	第 30 期	第 31 期	第 32 期
− 38.50	− 38.00	− 38.45	− 39.05	− 39.65	− 40.70	− 40.45	− 40.65
第 33 期	第 34 期	第 35 期	第 36 期	第 37 期	第 38 期	第 39 期	第 40 期
− 40.85	− 40.70	− 40.75	− 40.95	− 41.00	− 41.20	− 41.33	− 41.30

通过用 MATLAB 编程实现对数据的小波粗差探测、小波阈值去噪研究，具体处理过程详细如下：

4.1 数据的粗差探测

小波变换后细节部分模的极大值对应原函数的突变点。利用这一点，对变形观测序列进行多尺度分析，找出小波变换后具有模极大值的系数的点并对其进行检测来确定奇异点，这样可以观测时间序列的异常值[6]。识别粗差的基本方法是：对原始信号进行小波的多分辨分析，找出小波变换后的高频系数中的模极大值点，对这些模极大值点进行奇异性判断，以此发现异常点。本论文选用 db10 小波对原始序列进行 3 层小波分解。

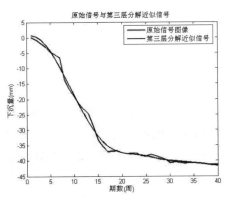

图 3 原始信号图像和分解后的低频信号

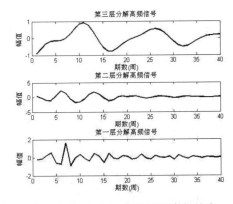

图 4 db10 小波分解后的高频信息

图 3 为原始信号下沉量时间变化序列图和 db10 小波分解后第三层低频部分信息图。在图 4 中 d1，d2，d3 对应着第一层、第二层、第三层分解后的高频部分。我们从第一层分解的细节部分可以看出，在 4、5、6、7、8 和 15 点处有模的极大值点，说明这些点为信号奇异点，有可能是粗差，为了检验这些点值是属于环境变化引起的正常值还是粗差，利用数学模型对这些异常值进行检验。

用第三层分解后的近似信号与获得的原始下沉序列进行去除趋势项：

$$S_{dt} = s - \hat{s} \tag{5}$$

式中 s 为原始时间序列，$\hat{s}$ 为第三层小波分级后的近似信号，S_{dt} 为去除趋势项后的时间序列，如图 3 蓝色曲线所示为 db10 小波分解后第三层低频部分时间序列。应用该数学模型对这些异常值进行检验，本文采用 2σ（σ 作为标准差）作为检验标准，若实测值与拟合值之间的残差未超过 2σ，则说明这些观测值属于环境显著变换引起的正常值，否则属于粗差。

经计算得到二倍中误差为 1.960 mm，各点的拟合值与实测值误差如下表 3 所示：

表 3　粗差的探测结果

点号	误差绝对值/mm	$2\sigma = 1.960$ mm	探测结果
4	0.720 5	$<2\sigma$	正常点
5	0.258 4	$<2\sigma$	正常点
6	1.286 3	$<2\sigma$	正常点
7	3.095 6	$>2\sigma$	粗差点
8	1.254	$<2\sigma$	正常点
15	1.284 3	$<2\sigma$	正常点

从表 3 探测结果发现采集的桥梁原始沉降数据序列中 7 号点大于二倍中误差属于粗差点，应对其进行剔除，缺省值用线性插值进行拟合。

4.2　小波去噪阈值的获取

小波阈值的选择既要保证从高频中提取弱小的有用信号，又不能在消噪过程中将有用高频信息当噪声信号消除掉。一般可设置阈值为：

$$\lambda = \sigma\sqrt{2\lg(n)} \tag{6}$$

式中，σ 为噪声标准方差。n 是信号的长度。由于实际噪声系数的标准偏差 σ 一般是未知的，因此，可以用分解的第一层上的高频系数的绝对标准偏差作为 σ 的估计值。采用软阈值方法进行小波去噪处理，即将小于阈值 λ 的系数置为 0，大于或等于阈值 λ 的系数均减少 λ，这样就可以将集中于高频系数的噪声除去。

经计算得到 $\sigma = 0.224\ 5$，$\lambda = 0.401\ 9$。

4.3 小波阈值去噪实验

信号白噪声的方差和幅值随小波变换尺度的增加逐渐减小，而信号的方差和幅值与小波变换的尺度变化无关。根据白噪声和信号的不同小波变换特性，可以对变形监测信号进行去噪处理[7]。在数据去噪计算中，选择好的小波基和最佳小波的分解层数能够高效、准确地利用小波处理好变形观测数据。文鸿雁提出用逐渐增大尺度，然后均方根误差（RMSE）值的变化是否趋于稳定来确定最大分解尺度 j：

$$r_{k+1} = \frac{RMSE(k+1)}{RMSE(k)} \quad (k = 1, 2, 3, 4, \cdots) \quad (7)$$

一般，总有 $r>1$，当 r 接近于 1 时，一般可认为 $r \leqslant 1.1$ 时，则认为噪声已基本上去除。这时可取最大尺度 $j=k$ 或 $j=k+1$，将相应的结果作为滤波结果[4]。

选择小波基函数 db10，去噪阈值取 $\lambda = 0.4019$，去噪的尺度分别取 1 到 5，分别用小波进行去噪处理实验，并对实验结果进行分析，结果如表 4 所示，当 $j=4$ 时噪声已经基本被滤除掉。

表 4　不同小波分解层数对去噪后的均方根误差及相对变化结果

J	1	2	3	4	5
$RMSE(k)$	0.164 985	0.239 876	0.286 004	0.298 317	0.321 809
r_k		1.453 925	1.192 299	1.043 051	1.078 748

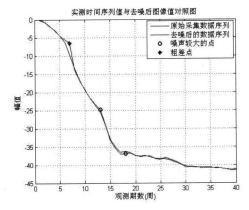

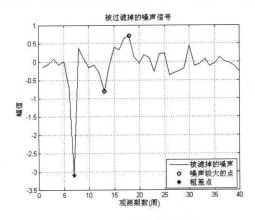

图 5　db10 小波去噪后图像与原始图像对照图　　　图 6　噪声信号图

4.4 结果分析

（1）从图 4 中 Db10 小波分解的第三层高频信号中，我们可以看到一个周期为 16 天的波形信号，波形振幅在 1mm 左右，这可能是一个周期性运动的力造成的桥梁起伏结果。

（2）从分解的高频系数中，我们发现不论是第一层分解还是第二层分解，都是高频信号的前 20 期波动幅值比较大，后 20 期观测高频信号波动幅值比较小。这说明在进行桥梁变形监测的前期阶段，由于受到施工以及自然环境等各种因素的影响，桥梁的下沉中存在一个较大幅度的波动性。随着观测期数的增加，桥梁下沉波动性幅值逐渐减小。

（3）在图5中星号表示的点为粗差点。小波分析可以对桥梁变形观测数据进行粗差探测，从中及时发现粗差点，对粗差点进行处理。圆圈表示的点为噪声信号较大的点，从图中可以看出噪声较大的点往往出现在下沉周期中的个别拐点上，因为在这些时间段内，桥梁地基受力的变化呈现出复杂性和突变性，加上环境的影响使得噪声表现比较明显。找出这个时间段，可以为以后的工程施工提供借鉴，以防止在这些时间段内发生事故。

（4）从图5中可以看出经过固定阈值Db10小波四层分解去噪后，变形监测值序列变得更加平滑，波动减小，更接近于自然下沉状况。基本去除了噪声，为下一步的变形分析和预测提供了基础。

（5）从图5去除噪声后的图像我们可以看到建设中的桥梁的一个整体下沉规律。前期刚开始施工时，有一个比较短的缓慢下沉阶段，随后经历一个比较长的快速下沉阶段，最后下沉速率逐渐放缓，影响桥梁下沉速度的因素除了施工因素外还有地质条件和自然天气的变化等。

5 结 论

（1）本文基于小波分析理论对桥梁变形监测数据进行分析与处理，可以看出小波分析理论非常适合于非平稳信号的处理与分析，从小波的高频分解系数中能够寻找出桥梁沉降变化的细节信息。

（2）应用小波分析实现对非平稳信号的分析，不同的小波函数对信号处理的结果是不同的。必须选择合适的小波基函数，这样才能取得较好的处理结果。

（3）小波分析可以对桥梁变形观测数据进行粗差探测，从中可以及时发现粗差点，对粗差点进行处理。桥梁变形监测产生的噪声数据呈现出波动特性，最大噪声值点往往出现在下沉周期的拐点上。

（4）选择合适的小波分解层数，对桥梁变形监测数据进行阈值去噪处理。处理后变形监测值序列变得更加平滑，波动减小，由于环境因素或人为因素造成的噪声将会减小，桥梁的沉降规律更符合实际的下沉情况。

参考文献

[1] 杨福生. 小波变换的工程分析与应用[M]. 北京：科学出版社，1999.

[2] 栾元重，曹丁涛，徐乐年，等. 变形观测与动态预报[M]. 北京：气象出版社，2001：166-176.

[3] 肖进丽. 几种数字水准仪标尺的编码规则和读数原理比较[J]. 测绘通报，2004（10）：57-58.

[4] 文鸿雁. 小波变换在变形分析建模中的应用[D]. 武汉：武汉大学，2004：61-74，43.

[5] 赵宜行. GPS 变形监测技术及其数据处理方法研究[D]. 西安:西安科技大学,2009:37,45.

[6] 徐洪钟,吴中如,李雪红,等. 基于小波分析的大坝观测数据异常值检测水电能源科学[J]. 2002,12:4.

[7] 唐桂文. 基于小波阈值去噪理论的监测数据处理方法[J]. 北京:测绘科学,2007:117-118.

[8] 桂林,周林,张家祥. MATLAB 小波分析高级技术[M]. 西安:西安电子科技大学出版社,2006.

作者简介　石频（1981—　 ），男，重庆市江北区人，硕士研究生，工程师，主要从事土地调查、测绘、GIS 等工作；李忠仁（1969—　 ），男，四川省渠县人，重庆地矿测绘院院长，高级工程师，主要从事工程测量与大地测量等及其相关管理工作；刘娜（1983—　 ），女，山东省泰安市人，硕士研究生，助理工程师，主要从事工程测量与工业测量。

通信地址　重庆市渝中区大坪长江二路 177-1 重庆地矿测绘院

邮　　编　400042

港珠澳大桥沉管预制端钢壳安装测量技术

何元甲　　田远福　　王爱民

（中交二航局第二工程有限公司，重庆，400042）

摘　要　本文根据港珠澳大桥沉管预制端钢壳安装与砼浇筑同时进行的施工特点，以及保证管节高精度地完成对接的技术要求，总结出满足端钢壳安装精度的测量技术。基本思路是采取全站仪三维坐标法定位钢端壳，并依据最小二乘法理论和点到面数学模型，应用 MATLAB 语言编写的软件进行数据处理和管节安装可视化模拟，来评定端钢壳安装精度，确定后续端钢壳安装参数。

关键词　端钢壳安装　精度　三维坐标法　软件模拟

1　工程概况

港珠澳大桥是我国继三峡工程、青藏铁路、南水北调、西气东输、京沪高铁之后又一重大基础设施建设项目，是集桥、岛、隧为一体的超大型跨海通道。

隧道采用沉管隧道，全长 5.664 km，由 33 个管节组成，标准管节由 8 个长 22.5 m 的节段组成。管节截面宽度和高度各为 37.95 m 和 11.4 m，每个节段砼浇筑量为 3 400 m³，耗时约 30 h。

端钢壳作为管节柔性接头的关键性构件，分为 A、B 两种型号，与管节砼连为一体，为安装止水带而设置在管节始末两端。端钢壳尺寸如图 1 所示。

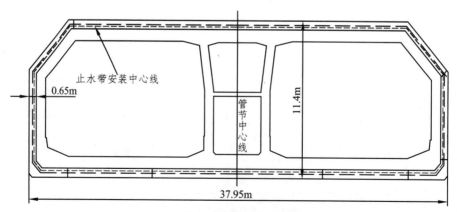

图 1　端钢壳尺寸

2 技术分析

2.1 内容及基本方法

港珠澳大桥沉管预制施工，其端钢壳安装在国内尚属首例，有着与砼浇筑同时进行、砼浇筑时间长、场地受限以及为保证管节对接线形需结合上一端钢壳安装偏差对设计值进行修正等特点。因此，端钢壳安装测量不是常规意义的定位测量，应从端钢壳安装工序要求、管节对接精度影响的角度进行其内容及方法的界定。

为确保端钢壳的安装精度，砼浇筑前根据其空间姿态设计值进行定位，并考虑砼浇筑产生的应力影响而进行预偏；砼浇筑过程中进行跟踪测量，适时调整，确保偏差满足要求；在管节预应力张拉完成后测定空间姿态，并进行三维模拟，评定其安装精度，确定后续端钢壳安装参数。

因此，端钢壳安装测量实际上包含了三个步骤（即定位测量、跟踪测量、成品测量），具有明显的阶段性；同时，该安装测量具有明显的循环性，如图2所示，一个过程中每阶段的测量结果可相互影响，一个过程的成品测量又影响到下一过程的定位测量；另外，定位测量时所产生的误差及预偏量，以及跟踪测量所进行的纠偏，实际上决定了该端钢壳安装偏差是存在的，并且是不可调整的，若偏差超过设计限差要求，只能通过修正后续端钢壳安装设计值的方法，来保持整个沉管预制的设计姿态，所以该安装测量具有不可逆性，必须高精度进行定位及跟踪测量，这是保证端钢壳安装精度的关键所在。成品测量也极为重要，是保证整个沉管预制精度必不可少的环节。

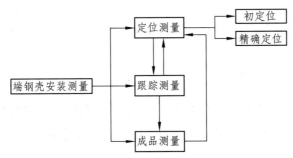

图 2　端钢壳安装测量内容

端钢壳安装测量内容的阶段性、循环性和不可逆性特点，决定了方法的多重性和系统性。该安装测量方法采取如下思路：基于全站仪三维坐标法，通过安置吸附式棱镜的方式进行定位，并依据最小二乘法理论和点到面的数学模型，应用 MATLAB 语言编写的专门软件进行跟踪、成品测量阶段复杂而海量数据的处理，以及模拟分析。

2.2 精度分析

端钢壳安装测量最终目的是对端钢壳上各特征位置进行精确定位，并满足下列三项技术要求：面板不平整度偏差不大于 5 mm，横向垂直度偏差不大于 3 mm，竖向倾斜度偏差不大于 3 mm。

端钢壳安装测量基于全站仪三维坐标法，涉及采用高精度全站仪测定高程，并转化为观测点与参考基准的高差这一精度问题，这主要与全站仪竖盘精度有关。通过开启竖盘自动补偿器，在相同的观测条件下测得高差，该高差精度能够达到毫米级，在此不做讨论，需重点分析平面精度。

测量精度主要受控制点误差、仪器误差和棱镜标定误差的影响。由误差传播定律，测量误差可用公式表达为 $m^2 = m_{控}^2 + m_{仪}^2 + m_{标}^2$；其中：$m_{控}$ 为沉管预制二等三角网严密平差后最弱点点位误差 0.7 mm；$m_{仪}$ 按直角坐标测量方法分析，设测量距离为 S，测量角度为 α，则仪器[Trimble S8 标称精度，测角 1″，测距（$1 + 1\ \text{ppm} \times D$）mm]的误差为 $m_{仪}^2 = s^2 m_{\alpha}^2 + m_s^2$，实际测量距离不大于 0.3 km，故仪器最大理论误差是 1.1 mm；$m_{标}$ 为吸附式棱镜的加工精度 0.5 mm。

由上计算得知，端钢壳安装测量误差 $m \leqslant 1.4$ mm，比较其技术要求，可证明在高精度仪器施测的情形下，完全能够采用全站仪三维坐标法进行端钢壳安装测量。

3 全站仪坐标法应用

全站仪三维坐标法应用于端钢壳安装测量三阶段，各阶段应用是有一定关联的。通过此法，定位测量和跟踪测量为精确安装端钢壳，成品测量采集端钢壳成品数据，为模拟分析提供精度基础。

3.1 数据采集

3.1.1 建立独立坐标系统

端钢壳安装测量直接基于沉管预制测量控制网采集数据，该控制网采用独立坐标系统，以管节纵轴线为 X 轴，以左手法则确定 Y 轴；高程系统采用 1985 国家高程基准。

3.1.2 数据采集方式

在控制网点上安置全站仪对端钢壳上观测点三维坐标（X、Y、Z）进行测存，同时确保仪器安置的固定性、点位布设的代表性、棱镜安置的稳定性、点数采集的全局性。

针对仪器安置，因控制网点全部采用带强制对中装置的观测墩建立，可消除仪器对中和后视定向的误差，有利于提高测量精度。

针对观测点布设，止水带安装中心线是端钢壳的特征位置，如图 3 所示，沿该线布设 50 个观测点。端钢壳安装之前标定观测点，并安置长 10 cm 的吸附式棱镜如图 4 所示，可避免跟踪测量过程中重新安置棱镜产生位移误差，还能提高工作效率。

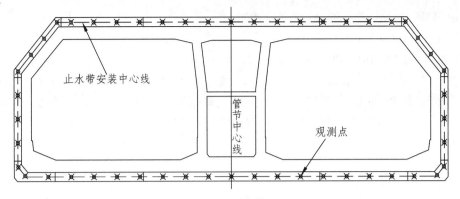

图 3 观测点布设

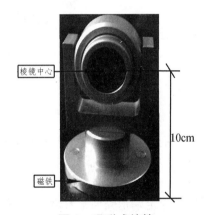

图 4 吸附式棱镜

3.2 偏差计算方法

3.2.1 偏差值计算

从所建立的独立坐标系统来看，计算端钢壳安装偏差只需计算 X 坐标的差值。如图 5 所示，可根据所采集的各点三维坐标（X，Y，Z），通过测点高程 Z 计算其理论偏量 X' 和实际偏差 ΔX，具体计算公式如下。

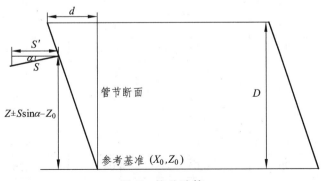

图 5 偏差计算

理论偏量：$X' = (Z \pm S\sin\alpha - Z_0) \times d/D$

实际偏差：$\Delta X = X - (X_0 + kX') \pm S$

其中，k 为端钢壳面偏向判断，向 X 轴正方向倾斜时取 "+1"，反之取 "-1"，X_0 与 Z_0 为端钢壳参考基准（即端钢壳底部）的纵坐标和高程，d 为端钢壳顶部设计偏量，D 为管节高度。

在定位与跟踪测量时现场计算 ΔX，并根据该数据实时指导安装作业人员向内或向外调整端钢壳，所测点位实际偏差符合设计要求时加以固定；成品测量时，ΔX 是端钢壳安装质量评定的依据。

3.2.2 吸附式棱镜长度影响

如图 5 所示，S 为棱镜长度 10 cm，S' 为棱镜在 X 轴上投影长度，α 为管节端面与竖直面夹角。因管节端面最大设计坡度为 3%，所以吸附式棱镜长度最大影响值为 $\Delta S = S - S' = S(1 - \cos\alpha) = 100 \times (1 - \cos1.72°) = 0.05$ mm，该影响值即是棱镜长度修正值，可忽略不计。

4 软件模拟应用

4.1 数据处理

通过全站仪坐标法所测存的端钢壳上 50 个观测点三维坐标，根据最小二乘法理论和点到面的数学模型 $d = \dfrac{AX_0 + BY_0 + CZ_0 + D}{\sqrt{A^2 + B^2 + C^2}}$，可拟合端钢壳平面（拟合模型 $Z = AX + BY + D$），计算观测点到拟合面距离，并可依此评定端钢壳面平直度是否满足设计要求；而数据处理具体实现方式是通过 MATLAB 语言编写的专门软件进行，该项目采用"沉管隧道精度管理软件"与 MATLAB 语言工具这两种方式进行计算结果的对比验证。

以 E2 管节为例，两种数据处理方式的计算结果对比见表 1。

表 1   沉管隧道精度管理软件与 MATLAB 语言计算结果对比表　　　mm

E2 管节始端			E2 管节末端		
精度管理软件	MATLAB 语言	差值	精度管理软件	MATLAB 语言	差值
-3.23	-3.17	-0.05	-1.39	-1.37	-0.02
-4.40	-4.35	-0.05	-0.25	-0.23	-0.02
-4.57	-4.52	-0.05	-1.17	-1.15	-0.02
-3.78	-3.73	-0.05	-0.90	-0.88	-0.02
-3.33	-3.28	-0.05	-0.28	-0.26	-0.02
-0.88	-0.83	-0.05	-0.66	-0.64	-0.02
1.55	1.60	-0.05	-2.14	-2.13	-0.02
-1.91	-1.87	-0.05	-0.39	-0.38	-0.02
-0.95	-0.90	-0.05	4.04	4.06	-0.02
1.56	1.61	-0.05	2.13	2.15	-0.02

E2 管节始端			E2 管节末端		
精度管理软件	MATLAB 语言	差值	精度管理软件	MATLAB 语言	差值
4.59	4.63	− 0.05	0.62	0.63	− 0.02
3.91	3.95	− 0.05	0.57	0.59	− 0.02
1.31	1.35	− 0.04	1.71	1.73	− 0.02
2.84	2.89	− 0.04	− 0.34	− 0.33	− 0.02
2.77	2.81	− 0.04	− 1.84	− 1.83	− 0.02
− 0.02	0.02	− 0.04	− 1.98	− 1.96	− 0.02
0.56	0.60	− 0.04	− 1.62	− 1.60	− 0.02
− 0.03	0.00	− 0.03	0.92	0.93	− 0.01
− 1.17	− 1.14	− 0.02	0.66	0.67	− 0.01
0.26	0.27	− 0.01	0.52	0.53	− 0.01
0.78	0.78	0.00	0.71	0.71	0.00
1.02	1.00	0.02	− 2.01	− 2.01	0.00
0.25	0.22	0.03	− 3.24	− 3.25	0.01
0.23	0.18	0.04	− 0.01	− 0.03	0.01
− 0.80	− 0.85	0.05	0.61	0.59	0.02
− 1.83	− 1.88	0.05	− 1.13	− 1.15	0.02
− 3.76	− 3.81	0.05	− 0.02	− 0.03	0.02
0.06	0.02	0.05	0.80	0.79	0.02
− 0.95	− 1.00	0.05	1.50	1.48	0.02
− 0.65	− 0.70	0.05	2.89	2.87	0.02
− 0.50	− 0.54	0.05	2.15	2.13	0.02
− 2.31	− 2.36	0.04	− 1.17	− 1.19	0.02
0.00	− 0.04	0.04	− 0.53	− 0.55	0.02
− 1.50	− 1.54	0.04	1.34	1.32	0.02
1.28	1.24	0.04	− 0.09	− 0.11	0.02
0.37	0.33	0.04	− 0.80	− 0.82	0.02
− 2.79	− 2.83	0.04	0.44	0.42	0.02
0.37	0.33	0.04	1.13	1.11	0.02
3.69	3.65	0.04	0.46	0.45	0.02
2.56	2.52	0.04	− 0.50	− 0.51	0.02
− 2.36	− 2.40	0.04	− 1.86	− 1.88	0.02

E2 管节始端			E2 管节末端		
精度管理软件	MATLAB 语言	差值	精度管理软件	MATLAB 语言	差值
− 0.81	− 0.85	0.04	− 1.44	− 1.46	0.02
0.12	0.08	0.04	− 1.01	− 1.02	0.02
2.03	2.00	0.03	− 1.36	− 1.38	0.01
3.43	3.41	0.02	0.64	0.63	0.01
3.04	3.04	0.00	− 0.90	− 0.90	0.00
4.25	4.26	− 0.01	1.37	1.37	0.00
4.74	4.76	− 0.02	4.33	4.34	− 0.01
− 0.83	− 0.80	− 0.03	0.43	0.44	− 0.01
− 3.21	− 3.17	− 0.04	− 0.94	− 0.92	− 0.01
最大差值		0.05	最大差值		0.02

由上表可知，这两种方式处理结果一致，说明软件计算结果是可靠的。两种结果出现微弱偏差的原因在于求取的拟合方程式系数取位不同，表中 ± 号可判断端钢壳面凹凸情况。

4.2 模拟分析

"沉管隧道精度管理软件"提供的模拟分析功能，是在整个沉管预制空间姿态设计数据（主要是平曲线和竖曲线参数）和管节相应端钢壳数据处理的基础上，通过可视化管节成品空间姿态，以及模拟管节对接的方式来分析后续端钢壳安装线形，计算其水平角度、竖直角度和长度的修正量。

如图 6 所示，沉管预制端钢壳安装在软件里只涉及管节分析和模拟安装两个模块，管节分析只针对单独一个管节，模拟安装是针对两个或以上管节，软件模拟分析使用模拟安装模块。

图 6　沉管隧道精度管理软件界面

如图 7 所示，从左到右分别为 E1、E2、E3 和 E4 管节，其中 E3 和 E4 为待匹配预制管节，在软件中输入 E1 和 E2 管节成品测量数据，以及 E3 和 E4 管节设计线形参数，来模拟

E3、E4 管节的安装。

如图 8 所示,软件模拟安装之后,经过计算分析,得出 E3、E4 管节末端端钢壳安装的修正量,并在 E3、E4 预制时,采用修正量对端钢壳安装设计值进行修正。

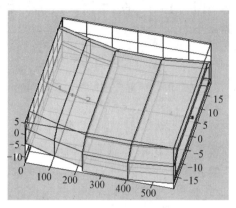

图 7　模拟安装

```
建议修正量:
建议第3管节末端竖向角度修正量为: -0.008827度
建议第4管节末端竖向角度修正量为: 0.0044135度
建议第3管节末端横向角度修正量为: -0.0017645度
建议第4管节末端横向角度修正量为: 0.00088225度
建议第4管节末端长度修正量为: -0.022853mm
```

图 8　分析修正量

后续端钢壳安装利用软件模拟分析结果,通过三阶段测量控制,在一定程度上可以验证软件计算的精确度。经过不断地精确控制和修正,最终使整个沉管预制线形满足设计要求。

5　结束语

沉管隧道受到越来越多国家的重视,正发展成为水下大型隧道工程的首选。沉管预制时,端钢壳安装是管节制作的重要环节,必须高精度控制整个过程。本文系统地总结了港珠澳大桥沉管预制端钢壳安装测量的技术方法,是在端钢壳安装施工特点、安装测量内容的基础上分析来的,并在实际应用中通过精度分析得到可行性验证。

不同大型工程构件的安装测量,都必须满足相应设计要求。大型工程构件安装测量技术方法可从不同角度去分析总结,也应具有共性,本项目的方法可供业界参考。

参考文献

[1]　章书寿,华锡生. 工程测量[M]. 南京:河海大学出版社,1993.

作者简介　何元甲(1984—　　),男,汉族,重庆市渝中区人,中交二航局第二工程有限公司测绘大队副总工程师,兼港珠澳大桥沉管预制项目测量技术负责人,工程师(测量),主要从事土木工程测量技术与管理研究。

基于 LIDAR 的 3D 产品制作方法及其精度评定

何 静　何忠焕

（国家测绘地理信息局重庆测绘院，重庆 400015）

摘　要　机载 LIDAR 系统可获取高精度、高密度的三维坐标及影像数据从而实现使用新技术快速制作 3D 产品。本文介绍了基于 LIDAR 数据的 3D 产品制作的技术方法及使用该方法获得的产品精度，并结合实际生产指出基于 LIDAR 数据 3D 产品制作的关键技术及其注意事项。

关键词　LIDAR 数据处理　DEM　DOM　DLG

1　引　言

随着信息化测绘的发展，越来越多的新技术应用于测绘领域的实际生产中。使用传统的摄影测量技术进行 4D 产品生产已经不能满足当前信息化测绘发展的步伐。为了提高生产效率，LiDAR 技术成为了大比例尺测绘产品生产一项重要的技术手段。LiDAR 技术是采用主动遥感方式，集成了 GPS、惯性导航、激光测距等先进技术，通过发射激光脉冲，再由 LiDAR 系统上的接收单元收集地物的海量反射信号从而实现三维地面信息的测绘于定位。与传统遥感技术相比，具有对控制测量依赖少、受天气影响小、自动化处理程度高、成图周期短等特点。

本文将浅谈 LiDAR 技术在 1：2000DEM、DOM 以及 DLG 生产中的应用，并对该项技术衍生的产品精度进行评价。

2　基于 TerraSoLid 的 LiDAR 数据处理

本次对 LiDAR 数据的处理在 TerraSoLid 软件中进行，该软件基于 MicroStation 平台开发，该平台提供了视图操作、矢量编辑等功能。TerraSoLid 主要包含了 Terrascan、Terramodel、Terraphoto 等模块。LiDAR 点云的预处理以、坐标转换、点云分类主要使用的是 Terrascan 及 Terramodel，正射影像制作主要利用 Terrascan 及 Terraphoto 中进行，下面将针对各产品制作进行详细介绍。

2.1　DEM 制作

2.1.1　点云预处理

点云数据预处理主要包含获取的不同航带点云数据的航带间纠正、坐标系统转换以及高程纠正。主要方式是通过人机交互检查或者程序自动检查并纠正的方式进行。

（1）航带纠正：由于受到飞机姿态、飞行高度等因素影响，不同航带间的点云数据存在高程差异，如果高程较差超出成图比例尺的数据生产允许范围，则应进行航带间点云数据纠正。存在高程差异的不同航带的点云数据叠加剖面示意如下图所示：

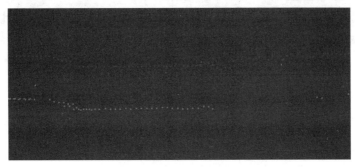

图 1　航带间点云高程较差超限示意图

纠正后不同航带点云叠加剖面示意图：

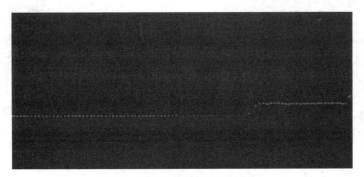

图 2　航带间点云纠正示意图

（2）坐标系统转换：点云获取采用的是 GPS 获取的坐标系统一致，为 WGS-84 的地心坐标。根据项目要求，应该将点云坐标向目标数学基础进行转换。此处的坐标转换包括两个方面，一是基于框架的二维坐标转换，另一个是基于不同水准面的高程值拟合。在 Terrascan 的坐标变换模块，用于坐标转换的控制点位应均匀分布于测区的四周及测区的中部，坐标转换控制点数量不少于 4 个。首先定义项目的目标投影，主要设置内容包括椭球的长半轴、扁率、七参数（即目标椭球相对于 WGS 的线元素偏移量、角元素偏移量以及缩放因子）、中央经线、东偏及长度缩放比例等。通过预设参数实现不同基准的数据转换。基于不同水准面的高程值拟合一般有两种方法，一是使用覆盖测区若干高程控制点对应的同名点云建立转换关系，从而实现不同高程基准的高程数据拟合，另一种方法是通过已知似大地水准面对应测区的高程异常，直接拟合获取。本项目中采用第一种方式实现不同水准面的高程值变换。

2.1.2　点云分类

完成预处理后的 LiDAR 数据通过检查合格后开展点云分类，点云分类包括初分类和精分类两步。初分类基于宏执行自动分类。采用面向对象分类的方法建立分类规则，本项目中提出点云高程值"自上而下"的分类方式，根据点云数据的高度、分布的形状、密度、坡度等特征编写宏规则，进行自动分类，分类规则如下所示：

图 3　初始分类宏规则示意图

初始分类完成后进行手工精分类，准确分离地面点和非地面点。主要通过人机交互的方式，通过剖面显示来进行分类。精分类前后地面模型对比如下图所示：

图 4　点云精分类前示意图

图 5　点云精度分类示意图

2.1.3　DEM 制作

将精分类以后的地面点在 Terramodel 中构三角网生成数字高程模型，为了达到测区 DEM 无缝，用来生产数字高程模型的点云数据必须经过严格接边处理。DEM 生成如下图所示：

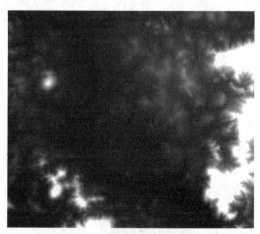

图 6　DEM 成果示意图

2.2 DOM 制作

在 TerraSoLid 的 Terraphoto 中正射影像制作包括以下几步：

（1）影像内定向，通过导入相机检校文件包括相机主距、镜头畸变等参数，确定每张影像像主点的位置。

（2）导入影像列表，该列表包含测区每张影像的摄影时刻和获取的外方位元素。

（3）相对定向，手工添加连接点在像对重叠处选取同名点，确定整个测区模型的各影像间的相对位置关系。

（4）区域网平差，利用精分类抽稀后的地面点作为平高点，将整个模型纳入到地理坐标中，解算连接点的绝对坐标，利用解算的绝对坐标更新影像列表中的外方位元素。再将新的外方位元素应用到工程中，通过平差计算调整连接点点位直至平差结果满足同等比例尺生产精度要求。

（5）正射纠正，消除了像片倾斜误差和地形起伏的影像后，将中心投影改为正射投影，对影像进行正射纠正。

（6）匀色、镶嵌及裁切，对测区的像片按照模板进行匀光匀色使得整个测区内影像色调、亮度等信息保持一致，并对匀色完成后的影像在 Terraphoto 中进行镶嵌线编辑，避免自动镶嵌后存在地物矛盾的现象。镶嵌线编辑前后成果示意图如下图所示：

图 7　房屋镶嵌线编辑前示意图　　　　图 8　房屋镶嵌线编辑后示意图

2.3 DLG 采集

基于点云数据的 DLG 采集目前主要基于 microstation 平台或者 CASS 平台，本项目基于 CASS 平台完成 DLG 采集。主要生产步骤包括：

（1）基于 DEM 成果的等高线生成及处理，利用 DEM 成果生成成图比例尺要求的等高线，并将等高线进行节点抽稀和圆滑，既保证等高线精度要求也使等高线的表示看上去比较美观。

（2）将精分类后的地面点云按照规则格网进行抽稀，抽稀后的点云作为高程注记点。

（3）对照 DOM 及点云数据进行地形要素采集，采集过程中 DOM 主要用于判断要素的形状和性质，而点云数据用于判断点云的实际位置。在实际生产中可引进地面浮雕模型，辅助判断沟渠、坎、坡等不能直观从 DOM 或者海量点云数据中发现的要素。地面浮雕模型如下图所示。

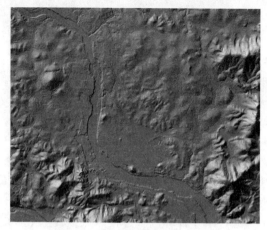

图 9　DEM 浮雕地形示意图

（4）DLG 制作完成，通过外业补测、调绘后即可进行成果整理入库。

3　精度评定

以"某某市 1 : 2 000 信息化测图"项目为例，采用外业散点法沿道路施测的平面检查点和个高程检查点检核基于 LIDAR 数据生产 DEM、DOM 以及 DLG 的精度。

（1）高程精度检核：将外业实测点展于 DEM 上，对比实测点与 DEM 上同名点位高程值差值。外业实测 949 个实测高程检查点，实测点类型、数量及检核精度如下表所示：

表 1　高程精度检核表

类型	点数	最大误差	最小误差	中误差
独立地物	114	0.708	0	0.024
道路设施	6	0.06	0.062	0.013
高程点	738	0.794	0	0.085
水系设施	37	0.231	0	0.04
植被土质	54	0.582	0	0.072

实测点位分布及高程值误差分布如下图所示：

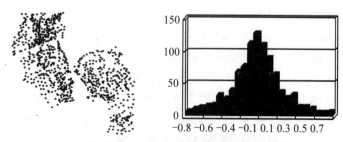

图 10　高程精度检核点位及误差分布示意图

本次检核点共分为 5 个类别，其中野外实测高程点所占比例最高，为 82.5%。且误差分布服从正态分布。

表 2　1∶2 000 测图高程精度要求

地形类别	平地	丘陵地	山地	高山地
高程中误差	≤0.4 m	≤0.5 m	≤1.2 m	≤1.5 m

从上表表 2 中可以得出看出，本次所检核的 5 类点高程中误差无论地形如何，DEM 精度都高于 0.4 m，因此基于 LiDAR 数据生产的 DEM 产品精度较高，能够满足大比例尺测图的精度要求。

（2）计算结果见下表所示：将外业实测点与采集的 DLG 叠加，对比同名点点位的平面误差。外业实测 1 170 个实测高程检查点，实测点类型、数量及检核精度如下表所示：

表 3　平面精度检核表

类型	点数	最大点位误差	最小点位误差	中误差
围墙	35	1.69	0.088	
房角点	1 072	1.99	0.006	
电杆	4	1.728	0.643	
路灯	24	1.839	0.482	0.68
道路	30	1.575	0.258	
铁塔	5	1.625	0.601	

实测点位分布及平面位置误差分布如下图所示：

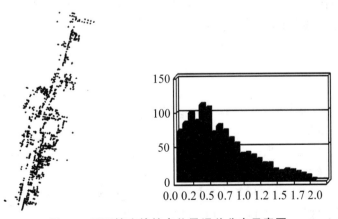

图 11　平面精度检核点位及误差分布示意图

1 : 2 000 测图平面精度如下表所示：

表 4   DOM 精度要求

地区分类	平面位置中误差/m	接边限差
平地、丘陵地	≤1.0	不大于 2 个像素

以上检核结果表明，基于 LiDAR 数据的 DOM、DLG 的产品成果的高程误差及平面误差分布符合正态分布规律，且个别较大误差值也在限差范围内，因此，基于 LiDAR 数据生产的3D 产品完全能够满足 1 : 2 000 比例尺成图的精度要求。

4   结   语

上文介绍了基于 LiDAR 数据的 DEM、DOM、DLG 产品制作的技术流程和方法，在实际生产中，为保证项目的顺利实施，本文提出生产中数据处理的关键技术或应注意的环节以供参考：

（1）数据预处理时，及时对处理后成果进行过程控制检查，避免后期出现返工的情况。

（2）为了测区 DEM 实现完全无缝镶嵌，除了针对分幅的精分类点云数据进行接边外，还应对分幅范围进行外扩后再导出地面模型。

（3）DOM 生产中，选取的连接点点位分布及数量对平差精度有较大影响，选取原则尽量满足分布影像四角和中心。

（4）DLG 采集时，与地面存在高差的地物、地貌匀应参考点云数据判断其实际位置，如沟、斜坡、坎、高架桥梁等地物。

（5）房屋采集是 DLG 采集的重点，对于房屋采集应注意的情况有几种：

① 是建筑密集区，矮建筑受遮挡，DOM 上可能完全看不到低矮建筑的轮廓或者只能看见部分轮廓，此时不能简单的依据 DOM 进行绘制，应依据点云的形状判断实际房屋轮廓。

② 是从 DOM 上如果能直接看见建筑墙基的，可以墙基进行房屋纠正，但是进行墙基纠正时应结合点云判断基准边。

（6）等高线制作的数据源尽量使用 DEM 而不用精分类后的地面点点云，这样既可以保证地形的整体走势也减少了后期编辑的工作量。

参考文献

［1］ 李英成，文沃根，王伟. 快速获取地面三位数据的 LiDAR 技术系统[J]. 2002，27（4）：35-38.

［2］ 刘建国，张敬，高伟，等. LiDAR 点云数据中建筑物的快速获取[J]. 地球科学-中国地质大学学报，2006，31（5）；615-618.

［3］ 楚长春，麻风海. 三位激光扫描仪点云数据在 MicroStation 下得处理研究[J]. 测绘与空间地理信息，2007（10）：114-116.

[4] 刘沛，李英成，薛艳丽，等. 基于 TerraSoLid 与 Inpho 的 LiDAR 数据处理方法分析与研究[J]. 遥感应用，2010（01）：17-21.

[5] 王佩军，徐亚明. 摄影测量学[M]. 武汉：武汉大学出版社，2008.

[6] 邓非. LiDAR 数据与数字影像的配准和地物提取研究[D]. 武汉：武汉大学测绘学院，2006.

[7] 毕凯，李英成. ERDAS LPS 与 TerraSoLid 软件相结合快速制作低空数码遥感正射影像图的方法[J]. 遥感信息，2009（50）：55-68.

作者简介　何静，女，籍贯为云南省个旧市，工程师，硕士，摄影测量与遥感专业，国家测绘地理信息局重庆测绘院，主要从事空间数据分析、处理及其关键技术研究。

温泉大道边坡稳定性评价与形变监测预报分析研究

李宏博[1] 史先琦[2] 陈复中[3]

（1 重庆欣荣土地房屋勘测技术研究所，重庆 400020；2 国家遥感应用工程技术研究中心重庆研究中心，重庆 400020；3 中冶建工集团公司勘察设计研究院，重庆 400084）

摘　要　研究目的：对温泉大道边坡工程进行工程地质勘探、建立监测体系和预测分析研究，实现为边坡稳定性的分析评价，为开展边坡工程治理提供技术依据。研究方法：主要通过工程地质勘察、建立边坡稳定性监测体系，采用条分法、灰色模型分析边坡的稳定性。研究结果：相互印证实现对边坡稳定性评价与失稳预测。研究结论：通过揭露边坡岩土体结构力学特性和应力-应变规律，依据边坡岩土体具有的灰色或黑箱结构，建立动态非线性灰色预报模型，为准确评定边坡的稳定性分析提供了可靠的保证。

关键词　损伤劣化　稳定性　预测　边坡岩土体　监测

1　引　言

随着我国现代化建设事业的高速发展，各类高层建筑、水利水电设施、港口、航天、高速公路、能源管道等基础设施建设大量开展，不可避免地产生了大量边坡工程。这些工程的稳定状况，直接事关工程建设的成败与安全，对能否正常发挥工程建设效用和建设资金的使用效率，确保工程建设的安全性、可靠性和经济性等起着至关重要的作用。现今全世界每年治理崩滑、跌落、滑坡、泥石流等地质灾害损失数千亿美元，且严重危及国家和人民群众的生命和财产安全，所以进行边坡工程稳定性研究具有非常重要的现实意义。

由于边坡工程所处地质条件的复杂性，在弱层、结构面等地质内因条件下，在降雨、爆破震动等人类工程活动外因的触发作用下，坡体结构岩土体的力学特性渐进损伤劣化引起强度随时间衰减，与外部随机性因素发生耦合作用而致岩土体从一个稳定状态跳跃式转变到另一个稳定状态从而使边坡失稳[1][4][6][8][10][11]。

尽管边坡的损伤劣化是渐进、非连续的累进过程，总要表现出坡体内部与外部的位移或沉降变形，如出现拉张裂缝、岩土体的塌滑、错动等现象。通过布设合理的监测网，使用仪器设备的精密监测、数据分析处理等手段获取位移场的高精度、连续性、全天时的位移变形量、变形速率、变形加速度等变形信息[6][7][12]，从而为研究变形趋势，分析和预测变形破坏的时机和预计破坏的规模估计提供了可能[7][9][12][13][14]。

2 北碚温泉大道 K1＋100～K1＋260 段道路改造工程概况

为加快北碚温泉组团建设，重庆北碚区拟对原省道 110 文星湾至澄江段进行拓宽及路面改造，并将改造后的路段命名为温泉大道见图 1。原道路呈 U 形，设计时对该路段进行了截弯取直。由于该路段位于沟槽地带，谷底为季节性冲沟，是西侧缙云山斜坡带及附近工矿、学校、居民点生活排水的主要通道。设计对该沟槽带选用了人工分级筑填高路堤，路堤基底设置排水暗涵的处理方案。设计暗涵拟定了两条比选线（新线和旧线），排水暗涵采用明挖扩展带型基础。施工单位先期按照新线位置开挖暗涵沟槽，开挖深度至 5～6 m 时，仍觉得地基条件较差，无法挖至理想的基础持力层。在敷设临时排水涵管后及时对开挖部分进行了人工回填。整个施工过程中，原省道 110 路面及斜坡回填区域出现了多条张裂缝，裂缝走向基本一致，该部分岩土体已发生整体性变形，危及拟建道路和周边居民的生命财产安全。

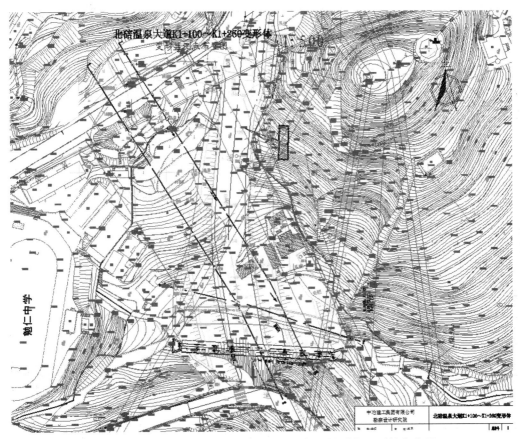

图 1　温泉大道 K1＋100～K1＋260 段变形监测点、裂缝分布图

3　温泉大道边坡变形形成机制与稳定性验算

3.1　温泉大道边坡变形形成机制

边坡变形体主要由粉质黏土及少量人工填土组成，变形体最大厚度约 10.10 m，平均厚度约 6.50 m。厚度最大部位集中在变形体中部，由于整体处于变形阶段，尚未完全形成滑坡，绝大部分土体解体程度不深，仍保留粉质黏土的原生结构，仅拉张裂缝附近带土体原生结构被破坏。该变形体为岩土界面物质（受水饱和的粉质黏土）抗剪强度较低所引发的变形，潜在滑面为土层与基岩的接触面，呈折线形，潜在滑面（带）物质为软塑状粉质黏土层，厚度 5～30 mm 不等，滑面物质未见明显的揉搓、擦痕及镜面特征，在主滑方向上滑面倾角大致为 8°～25°，滑床为基岩，岩层产状较陡，相对较稳定。

温泉大道 K1 + 100～K1 + 260 段边坡长期遭受风化剥蚀及地表水冲刷作用，崩坡积物形成山前坡积裙。崩坡积物厚度较大，上覆于基岩层之上，基岩面倾向坡外，且倾角较大。大气降水极易沿基岩露头下渗至崩坡积物与基岩面接触带，使该接触带粉质黏土层饱水软化，抗剪强度急剧降低。渗入土层中的地下水来不及排泄，也产生动静水压力作用，对斜坡体的稳定不利。斜坡前缘（沟谷附近段）开挖排水暗涵临时沟槽时，形成临空面，使得潜在剪出口直接出露地表，斜坡土体完全具备了变形滑动条件。土体受自重、潜在滑面抗剪强度降低及动静水压力作用的影响，力学性质开始劣化，坡体内应力状态改变，发生缓慢持续的变形，坡体随着蠕变发展不断松弛，使某一部分平衡遭到破坏，出现塑性蠕动区，引起坡体内应力调整，岩土体向前挤压，坡体出现断续的张裂缝。由于蠕动变形较为缓慢，滑动面尚未形成。恰在整个坡体尚未完全失去稳定之前，施工单位已对开挖所形成的沟槽及时进行了回填，从而阻止了滑坡的产生。

3.2 滑动带主滑方向沟槽开挖后岩土体稳定性验算

稳定性验算包括开挖沟槽引起斜坡变形稳定性验算、高路堤建成后对斜坡变形影响稳定性验算和高路堤边坡沿顺冲沟方向滑动稳定性验算三个部分。下面以主滑方向断面 1-1′剖面开挖沟槽引起斜坡变形为例进行验算，按照极限平衡理论条分法剖面图见图 2。

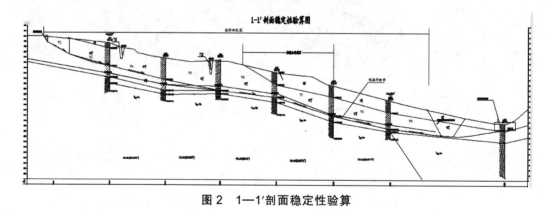

图 2　1—1′剖面稳定性验算

3.2.1 稳定性参数、潜在滑面参数确定

根据物理力学性能试验，经数理统计分析，确定变形体土（粉质黏土）天然重度为 20.19 kN/m³、饱和重度为 20.4 kN/m³，潜在滑带土（粉质黏土）天然快剪 C 值为 34 kPa、Φ 值为 15.10°，饱和快剪 C 值为 24 kPa、Φ 值为 12.13°；重塑土天然残剪 C 值为 11 kPa、Φ 值为 9.35°，饱和残剪 C 值为 7 kPa、Φ 值为 7.09°。滑带土的抗剪强度计算参数按试验结

果综合取值为：天然抗剪：C 值 20 kPa、Φ 值 12.5°；饱和抗剪：C 值 13 kPa、Φ 值 10°。

根据土工试验成果，确定潜在滑面抗剪强度性质指标标准值为 $C = 12$ kPa，$\Phi = 9.5°$。并利用该 C、Φ 值进行高路堤建成后沿主变形方向的稳定性验算。变形体中的地下水，则考虑滑动期间正值雨季，变形体中的裂缝充水 60% 时的状态考虑。

3.2.2 斜坡主变形方向岩土体稳定性验算

分天然和暴雨两种工况进行稳定性验算，验算结果见表 1、表 2。稳定性验算结果表明，在潜在滑带土（粉质黏土）天然含水量状态下，F_s 为 1.429，受水过饱和状态下，F_s 为 1.041。斜坡土体在开挖沟槽后处于临界稳定状态，存在沿基岩面滑移的可能性。

表 1　天然状态下 1-1′剖面沿潜在滑移面滑移破坏稳定性验算表

条块编号	滑面倾角/(°)	滑面长度/m	条块面积/m²	重度/(kN/m³)	条块自重/(kN/m)	黏聚力/kPa	内摩擦角/(°)	抗滑力/(kN/m)	下滑力/(kN/m)	传递系数 ψ	总下滑力/(kN/m)	总抗滑力/(kN/m)	稳定系数 F_s
W1	60	2.67	1.48	20.19	29.88	20	12.5	56.71	25.88	0.72			
W2	29	9.54	34.96	20.19	705.84	20	12.5	327.66	342.20	0.91			
W3	16	16.5	117.64	20.19	2 375.1	20	12.5	836.16	654.68	0.99			
W4	14	22.6	181.35	20.19	3 661.4	20	12.5	1 239.6	885.79	0.99			
W5	12	22.1	206.78	20.19	4 174.8	20	12.5	1 347.3	868.01	0.97	6 302.09	9 004.77	1.429
W6	7	22.1	232.02	20.19	4 684.4	20	12.5	1 472.7	570.89	1.03			
W7	19	23.1	250.38	20.19	5 055.1	20	12.5	1 521.6	1 645.8	0.97			
W8	14	22.6	239.58	20.19	4 837.1	20	12.5	1 492.5	1 170.2	0.96			
W9	8	19.8	166.43	20.19	3 360.2	20	12.5	1 133.7	467.65	1.00			

表 2　饱和状态下 1-1′剖面沿潜在滑移面滑移破坏稳定性验算表

条块编号	滑面倾角/(°)	滑面长度/m	条块面积/m²	重度/(kN/m³)	条块自重/(kN/m)	黏聚力/kPa	内摩擦角/(°)	抗滑力/(kN/m)	下滑力/(kN/m)	传递系数 ψ	总下滑力/(kN/m)	总抗滑力/(kN/m)	稳定系数 F_s
W1	60	2.67	1.48	20.4	30.19	13	10	37.37	26.15	0.746			
W2	29	9.54	34.96	20.4	713.18	13	10	234.01	345.76	0.926			
W3	16	16.5	117.64	20.4	2 399.9	13	10	621.27	661.49	0.992			
W4	14	22.6	181.3	20.4	3 699.5	13	10	926.75	895	0.992			
W5	12	22.1	206.8	20.4	4 218.3	13	10	1 014.9	877.04	0.977	6 405.22	6 798.95	1.041
W6	7	22.1	232	20.4	4 733.2	13	10	1 115.7	576.83	1.023			
W7	19	23.1	250.4	20.4	5 107.7	13	10	1 151.9	1 662.9	0.977			
W8	14	22.6	239.6	20.4	4 887.4	13	10	1 129.9	1 182.4	0.972			
W9	8	19.8	166.4	20.4	3 395.2	13	10	850.23	472.52	1			

4 变形监测系统与基于时间序列的北碚温泉大道边坡非线性动态灰色预测研究

4.1 变形监测系统

根据变形区域周边地形地貌情况，为更进一步判断温泉大道边坡滑动的大小、滑动方向，准确预测滑动时间及可能滑动的距离，结合现有的技术条件，设计了适合于该边坡的监测系统，包括地表变形监测、裂缝监测以及地下水位监测系统，用多种监测手段，相互验证和补充，以提高监测的准确性。

边坡地表监测，根据变形测量的等级及精度要求，首先布置变形基准网点 8 点，位于监测区域周边山体及房屋顶面，坐标基准点的观测采用静态 GPS 进行观测，按 C 级精度要求进行。坐标系统及高程系统采用重庆独立坐标系统，观测成果的计算用测绘专用软件进行处理。为了正确反映边坡的变形量，在监测网建成后半年，进行了一次复测，以确保基准网的稳定性和成果的可靠性。由于受地形条件的限制，考虑边坡坡体呈两级台阶状，变形监测网点采用格网式布局结构，布设了 24 点。监测点观测用全站仪按四等精度要求施测。

边坡裂缝监测区域出现 6 条拉张裂缝，其分布见图 1。根据裂缝的长度及走向，在裂缝最宽处设置观测标志，用游标卡尺进行测量。

地下水监测，在主滑动方向上共布设了两个水位孔 1# 和 2#，1#水位孔位于滑坡变形相对较强的边坡西北侧靠近农房附近；2 #水位孔位于边坡下方沟槽带低洼处，均采用标杆直接测量的方法监测水位，直观准确。

基准点观测每半年进行一次；水平位移监测点观测每月一次，裂缝观测最初两月每 15 天观测一次，然后每月观测一次；地下水位监测每月观测一次。

4.2 主滑动线监测点累计位移-时间曲线

选取主滑动线上 6 点（DB1、DB4、DB9、DB14、DB19、DB22），观测了 10 期，分别为 2009 年 8 月—2010 年 5 月，其累计位移-时间曲线见图 3。从曲线图上可以知道，在排水暗涵施工回填后，回填土体受到应力作用及受降雨影响，2009 年 8 月—2010 年 1 月，在滑动区域的监测点变形速率较大，然后达到平衡状态而逐渐趋于稳定。

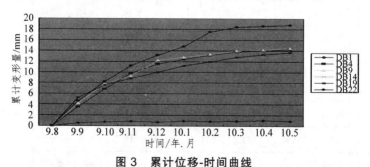

图 3 累计位移-时间曲线

4.3 基于时间序列的北碚温泉大道边坡非线性 GM（1，1）动态模型预测研究

灰色系统预测理论将随机量看作一定范围内变化的灰色量，将随机过程看作是在一定幅

区、一定时区变化的灰色过程，它把无规则的原始数据序列进行累加生成为有规律的数据序列，然后进行建模预测，根据新信息对认知的作用大于旧信息的原理，主要采用自适应残差修正模型进行预测，以点 DB19 为例进行计算。

原时序数列为：

$$x^{(0)}(k) = \{0 \quad 5.2 \quad 7.6 \quad 8.8 \quad 10.0 \quad 11.2 \quad 12.0 \quad 12.8 \quad 13.3 \quad 13.7\}$$

经一次累加（1-AGO）生成新的数列为：

$$x^{(1)}(k) = \{0 \quad 5.2 \quad 12.8 \quad 21.6 \quad 31.6 \quad 42.8 \quad 54.8 \quad 67.6 \quad 80.9 \quad 94.6\}$$

建立 GM（1，1）模型的白化形式的微分方程为：

$$\frac{\mathrm{d}x^{(1)}(k)}{\mathrm{d}t} + ax^{(1)}(k) = b$$

根据最小二乘原理，解上式的微分方程，得模型中的参数向量：

$$\hat{a} = (a \quad b)^{\mathrm{T}} = (B^{\mathrm{T}}B)^{-1}B^{\mathrm{T}}Y_N = \left\{ \begin{array}{c} -0.091\,2 \\ 60\,818 \end{array} \right\}$$

DB19 点的灰色预测模型为：

$$\hat{x}(k+1) = \left[x^{(0)}(1) - \frac{b}{a} \right] \mathrm{e}^{-ak} + \frac{b}{a} = 74.758\mathrm{e}^{0.091\,2k} - 74.758$$

由此可以知道，$|a| = 0.091\,2 < 0.35$，所建立的灰色模型是有意义的。同时还原原始数列，并计算残差数列，平均残差 $\bar{\varepsilon} = 0.077$，平均精度为 $p = 92.3\%$，$\delta_1^2 = 16.52$，$\delta_2^2 = 0.747$，$C = \frac{\delta_2}{\delta_1} = 0.213 < 0.35$，从 C 值可知，模型精度达到一级（良好），可进行中长期预测。

为更加准确地预测，提高模型预测精度，采用残差修正模型。

$$\hat{\varepsilon}_t^{(1)}(k) = \left(\varepsilon_t^{(0)}(1) - \frac{b_t}{a_t} \right) \mathrm{e}^{-a_t(k-1)} + \frac{b_t}{a_t}$$

然后将计算得出的预测值加入到原始数据序列中，同时去掉左边一个旧数据，始终保持原始数据序列长度相同，再重新建模进行预测。经计算，模型预测精度可达到 97.6%。仍然以主滑线 1-1′ 中 6 个点为例，预测 2010 年 6 月第 11 次观测情况见表 3。

表 3　预测第 11 次观测数据表

点　号	观测数据 /mm	预测数据 /mm	误差率
DB1	13.98	14.01	0.21%
DB4	1.01	1.03	1.98%
DB9	14.56	14.6	0.27%
DB14	13.2	13.14	0.46%
DB19	16.12	16.21	0.56%
DB22	19.1	19.02	0.42%

经过对其他数据的预测分析，精度良好，预测模型能很好地符合变形岩土体变形的基本情况。

5 温泉大道边坡稳定性评价研究

5.1 温泉大道边坡岩土体稳定性评价

由于温泉大道边坡区域位于缙云山斜坡坡麓，常年接受风化剥蚀及地表水冲刷作用，风化剥蚀后形成的斜坡岩土体暴雨季节在重力作用下，脱离母岩下坠，堆积于斜坡坡脚，形成山前坡积裙，崩坡积层厚度较大。山前坡积裙为平面上呈扇形展布的斜坡带，地形总体上呈北西高南东低，后缘经人工改造，形成两级相对平坦的台地，台地间采用条石挡墙支挡和分隔，修建有学校、民宅及道路。前缘为地势较低的沟谷出口，斜坡体两侧为切割深浅不一的沟谷，西南侧沟谷切割较深，并发育一条季节性冲沟，近东西走向，西高东低。北东侧沟谷切割较浅，无明显的冲沟，两条沟谷在南东侧谷口处交汇，形成双沟同源现象。从微地貌观察，斜坡后缘无断裂壁、中部未见梯状台阶及鼻状凸丘、前缘也未见变形体舌及剪出口等产生变形体后所形成的典型地貌特征。从植被生长情况观察，未见倾斜状的马刀树、醉汉林等。从地下水出露情况观察，斜坡前缘未见井、泉、积水洼地、潮湿地、喜湿植物群落，斜坡体后方无较大的地表水体，缙云山斜坡坡麓分水岭所围成的汇水面积接受大气降雨后形成的地表汇水主要沿西南侧冲沟排泄，地表排水条件较通畅。场地内岩土层主要为人工填土、粉质黏土及强中等风化泥岩，岩土体内未见明显的擦痕及镜面特征。但粉质黏土层厚度较大，透水性差，泥岩层面裂隙较发育，且倾向斜坡坡外，基岩面倾角也较陡，大气降雨未来得及排泄的地表水沿基岩露头及基岩面处下渗至粉质黏土与基岩面结合部及基岩裂隙中，具有较好的受水构造及聚水条件。经综合分析，整个区域内不存在古滑坡。但已具备形成滑坡的部分条件。未形成滑坡的主要原因是斜坡体前缘无临空面，产生滑动所必需的剪出口位置埋藏较深，前缘土体具有较好的阻挡作用。本次出现斜坡体蠕动变形的主要原因是：施工开挖新线临时沟槽，人为形成临空面，使得潜在的剪出口位置直接出露地表，引发坡体内应力状态的改变，潜在的软弱面强度降低，坡体发生缓慢持续的变形，岩土体向前挤压，使坡体出现断续的张裂缝。由于蠕动变形较为缓慢，滑动面尚未形成。恰在整个坡体尚未完全失去稳定之前，施工单位已对开挖所形成的沟槽及时进行了回填，从而阻止了滑坡的产生。根据开挖所发生的变形现象，也表明该斜坡体已出现临界稳定状态。

5.2 变形体稳定性发展趋势评价

在原有地形地貌条件下，因斜坡地形总体较缓，基岩面埋藏较深，前缘无临空面，潜在剪出口埋藏较深，斜坡土体处于稳定状态。当斜坡前缘（沟谷附近段）开挖排水暗涵临时沟槽后，形成临空面，斜坡土体受自重、潜在滑面抗剪强度降低及动静水压力作用的影响，发生缓慢持续的变形，形成变形体。施工单位对开挖基坑及时进行人工回填后，又阻止了变形体产生滑移的可能性，变形体又基本处于稳定状态。

北碚温泉大道边坡条分法稳定性计算结果与位移监测数据灰色模型预测分析间相互印证结果表明，变形体发生整体变形突变的可能性很低，为建成后的高路堤的稳定性具有较好的抑制作用，已发生变形的斜坡土体产生沿主变形方向继续整体性滑动的可能性较小。

6 结束语

（1）通过对北碚温泉大道边坡的工程地质勘探、取样，获取边坡稳定性的内部各因素之间相互作用的探讨，分析边坡失稳的形成机制，边坡滑动的物理力学结构特征，为稳定性评价研究提供合理的基础数据，同时计算边坡稳定安全系数。

（2）针对工程开挖形成的高边坡和特殊的地理地貌条件，建立适合的监测监视体系，稳定并持续获取边坡变形的基本信息，以便为判断边坡滑体的突变失稳创造条件。根据灰色系统理论建立滑动体的预测模型，预测未来发展趋势。

（3）结合条分法与灰色预测研究，对边坡的稳定性进行评价是针对滑动体失稳研究的重要方向，分别从内因和外部条件来判断并预测，可以很好地符合高边坡的实际情况，为类似工程治理与评价研究积累经验。

参考文献

[1] 崔政权，李宁. 边坡工程-理论与实践最新发展[M]. 北京：中国水利水电出版社，1999：81-139.

[2] 王在泉. 复杂边坡工程系统稳定性研究[M]. 徐州：中国矿业大学出版社，1999：1-6.

[3] GB20007—2011. 建筑地基基础设计规范[S]. 住房与城乡建设部，2012，8.

[4] GB20330—2014. 建筑边坡工程技术规范[S]. 住房与城乡建设部，2014，6.

[5] 杨学堂，王飞. 边坡稳定性评价方法及发展趋势[J]. 岩土工程技术，2004，18（2）：103-107.

[6] 杨天鸿，张峰春，等. 露天矿高陡边坡稳定性研究现状及发展趋势[J]. 岩土力学，2011，32（5）：1437-1445.

[7] 张正禄. 工程的变形分析与预报方法研究进展[J]. 测绘信息与工程，2002，27（5）：37-40.

[8] 朱珍德，徐卫亚，等. 区域开挖诱发岩质边坡失稳及其预测研究[C]. 第 2 届全国工程安全与防护学术论文集，2010：1-10.

[9] 朱健. 建筑物变形监测数据分析中的灰色改进模型应用研究[D]. 南京：长安大学，2007：1-70.

[10] 张卫中. 向家坡滑坡稳定性分析及动态综合治理研究[D]. 重庆：重庆大学，2007：1-198.

[11] 杨涛. 工程高边坡病害空间预测理论及其应用[D]. 成都：西南交通大学，2006：1-193.

[12] 陈刚，陈新文，等. 井区沉陷于边坡稳定监测及预报分析方法研究[J]. 测绘科学，
      2008，33（3）：17-20.

[13] 尚军亮，方敏. 一种优化的高精度灰色 GM（1，1）预测模型[J]. 电子与信息学报，
      2010，32（6）：1301-1305.

[14] 李朝甫，徐迎，等. 灰色系统理论在滑坡位移信息分析中的应用[J]. 系统工程理论
      与实践，2001（2）：129-132.

作者简介 李宏博（1966—   ），男，重庆人，正高级工程师，注册测绘师，大学本科，
          主要研究方向为 3S 技术集成、国土资源信息共享与系统应用开发，三维数
          据图形化表示等。

大型建筑结构长期安全健康监测系统设计

祝小龙[1]　向泽军[1]　谢征海[1]　周成涛[1]　周忠发[2]　张晋[1]

（1 重庆市勘测院，重庆，400020；2 北京建筑设计研究院有限公司，北京，100010）

摘　要　依托重庆国际博览中心，综合考虑建筑结构的设计特性、周边地质环境、经济等因素，建立有限元结构模型进行结构力学性能分析。在此基础上通过 FBG 光纤光栅应力（应变）、温度，静力水准挠度，风速风压等传感器的布置优化设计，构建了长期安全健康监测系统的架构、传输机制、数据处理机制及预警预报系统，为进行大型建筑结构的结构状态识别、结构的承载能力评估等工作奠定了基础。

关键词　大型建筑结构　长期安全健康监测　系统设计　预警预报

1　背　景

大型建筑结构多为关系国计民生的公共性建筑，同时也是一个地方的标志性建筑，由于其大量采用钢材、膜材、高强钢索、铝合金等新型材料，在其服役期限内除了材料自身性能会不断退化、老化外，不可避免地还会受到风、地震、疲劳、超载等自然损害和人为因素的影响，从而导致结构受损、承载能力降低，甚至会使其破坏而影响人民的生命财产安全。如 2007 年 1 月雨雪、大风及材料老化导致温哥华体育场屋顶坍塌，2010 年 12 月鄂尔多斯那达慕大会主会场坍塌等，这类场馆使用时人流集中，密度大，安全问题至关重要[1]。

为了保障重大工程结构的安全性，急需对该类重大工程结构进行有效的安全监测，而目前国内通行的常规变形监测方式因间隔期长、及时性差已逐渐不能满足安全控制的需要。建立大型建筑结构实时安全健康监测系统成为发展的必然趋势，但由于目前国内健康监测尚处于探索阶段，尤其在大型建筑结构工程的研究及应用方面较少，因此应在总结以往经验和教训以及借鉴国内外先进经验的基础上，对大型建筑结构设计健康监测系统，并为研究结构服役期间的损伤演化规律提供有效的、直接的分析数据和依据，以科学、主动地预报工程结构的安全状况，显得尤为迫切。

2　工程概况

重庆国际博览中心是西部第一、全国第二的国际大型会议展览中心，东西宽约 0.8 km，

基金项目：重庆市建设委员会 城科字（2012）第 2-01 号。

南北长约 1.3 km。主要由展馆区、酒店、多功能厅、会议中心和沿江商业等五部分组成，建筑外形似一只翩翩起舞的蝴蝶，效果如图 1 所示。

图 1　重庆国际博览中心

重庆国际博览中心为钢桁架和铝格栅结构组成的大型建筑结构，树状支承柱直接支承铝合金格栅结构，主体屋顶结构采用立体馆桁架、支承于下部砼结构，其中跨度最大的多功能厅单榀钢桁架跨度为 117 m。其钢桁架结构和铝结构具有跨度较大、结构复杂，服役环境较为恶劣（高温、潮湿），其上的作用荷载复杂，结构又属于柔性结构体系，各种荷载和异常状况一旦超过结构承载能力，必将对结构产生一定的损伤，甚至引起坍塌，因此建立长期安全健康监测系统是十分必要的。

3　长期安全健康监测内容

对健康监测系统而言，如何有效地监测结构的相关监测项目和参数，把握对结构安全有重大影响的安全因素是至关重要的。重庆国际博览中心地处坡地临江，地形条件复杂，结构体量大，若对全部建筑进行监测，则监测系统极为庞大，工程造价也极其昂贵，故在监测场馆的选择上根据结构的重要性、对称性、经济最优化、场地地质特性等要素综合考虑，从 16 个场馆中选取了 Se04、Sw02、Ne01、Ne03、会议中心和多功能厅 6 个场馆作为监测对象，各场馆结构形式和地理位置如图 2 所示。[2]

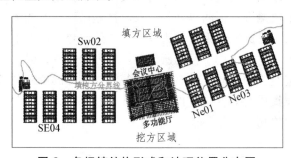

图 2　各场馆结构形式和地理位置分布图

根据重庆国际博览中心项目的结构特点，建立了三套监测子系统，分别为光纤光栅应变及温度监测系统、静力水准挠度监测子系统、风速风压监测子系统。主要监测内容有：① 钢桁架应力（应变）；② 钢桁架挠度；③ 树状柱树干应力；④ 铝格栅应力；⑤ 风速、风压；⑥ 温度监测。

4 传感器布置方案设计

大型建筑结构体系极为复杂，单纯依靠经验在关键截面布置测点的方法已经不能适应满足需要，必须借助于结构有限元仿真分析系统和大型结构试验来进行计算识别，通过计算结构的应力、挠度等参数，选取重点监测点位。

4.1 有限元仿真分析

重庆国际博览中心结构有限元仿真分析是获取结构在荷载作用下结构杆件内力、挠度等参数的有效方法。通过有限元分析能够得到结构在自重荷载、标准荷载组合以及结构在极限承载能力下应力及挠度值，从而获得结构的安全指标控制范围。有限元分析模型如图 3 所示。

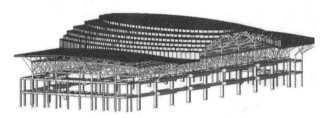

图 3　场馆模型仿真分析图（局部）

4.2 风洞试验

重庆国际博览中心造型新颖，屋面跨度大，结构复杂，无法直接利用规范或借鉴类似结构的研究成果评价其风荷载特性。为确保结构的抗风安全，为此按照几何相似原则，建立了1：300 的风洞试验模型，研究作用于建筑物上的风荷载及风致振动特性。安装在风洞试验中的模型如图 4 所示。[3]

图 4　风洞试验中的屋面测压模型

5 长期安全健康监测系统设计

5.1 监测系统组成

结构健康监测系统涉及多门学科领域，系统的设计与实现比较复杂，主要包括传感器系统、数据采集系统、信号传输系统、数据管理系统、安全预警系统，如图5所示。上述各个系统分别涉及不同的硬件和软件，需要通过系统集成技术将它们集成为一个协调共同工作的健康监测系统，以达到对监测结构的实时动态监测。[4]因此，必须通过一个相应的系统转换和平台来实现，这就需要用进行系统集成，通过建立的系统的管理平台来对各监测子系统进行管理、运行，并实现数据交互，最终形成人类易于识别和理解的人机交互平台。

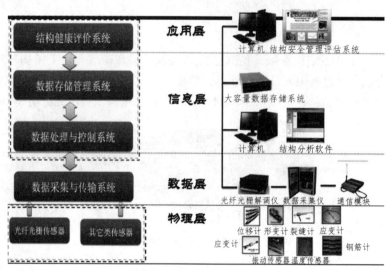

图5　监测系统项目组成

5.2　监测数据采集、预处理及传输

重庆国际博览中心健康监测系统在设计中需要考虑应变、挠度、风速、风压和温度等多种关键参数，数据采集必须基于多传感器系统的融合来设计，这个过程就是要处理自动识别、连接、相关、估计以综合多源数据和信息，其关键技术是数据转换、数据相关、数据库、融合推理。考虑国际博览中心健康监测系统硬件的性能和软件，动态数据的采集主要采用实时采集，以及时掌握重大结构异常发生的情况，以便采取积极的应对措施。

采集后形成的数据，在将监测数据用于分析评估前，必须对数据进行预处理，主要包含动态数据实时统计、伪信号的干扰识别等预处理。对于实时采集数据，伪信号的干扰识别则是根据预定的识别模式，对各数据采集子系统采集到的原始数据进行计算，剔除数据采集和传输过程中因干扰引起的异常值，并将能反映监测项的数据传给数据库。

同时，在健康监测系统中，为满足数据采集系统到数据库管理系统之间的数据传输需求，利用系统构造内部数据局域网，基于 TCP/IP 技术来实现数据传输，以保证系统的可靠性和可扩展性。

5.3　数据库管理

重庆国际博览中心安全健康监测系统设计的传感器有将近 1 000 个，每个传感器采集的数据最终都要提供给系统作为监测评价的依据，因此，必须构造最优的数据库模式。本系统主要基于 PB 语言进行系统开发，建立数据库及其应用系统，使之能够有效地存储数据，满足各种应用需求（信息要求和处理要求），完成对数据采集系统采集的数据进行存储、查询、备份，实现对数据的处理、远程控制、用户管理分类、数据备份、设备维护、系统安全等任务。

6　结构安全监测评价系统关键技术

6.1　基于结构安全的阈值界限

基于结构安全阈值的评定是结构安全评定中最一般的、最简单的评定模式，直接以结构的功能指标进行评定，如应力、挠度、风速、风压和温度，把这些有关因素作为基本变量 $X_1, X_2, \cdots, X_n$ 来考虑，由基本变量组成的描述结构功能的函数 $Z = g(X_1, X_2, \cdots, X_n)$ 称为结构功能函数。同时也可以将若干基本变量组合成综合变量，例如将作用方面的基本变量组合成综合作用效应 S，抗力方面的基本变量组合成综合抗力 R，从而结构的功能函数为 $Z = R - S$。[5]

对于 $Z = R - S$，存在以下三种情况：

$Z = R - S > 0$ 表明结构处于安全状态；

$Z = R - S < 0$ 表明结构已失效或破坏；

$Z = R - S = 0$ 表明结构处于极限状态。

阈值的确定主要基于结构分析软件进行仿真分析，取得在标准荷载组合下的监测点的最大参数值，并根据其材料的屈服应变和相应时刻结构的最大变形经过一系列计算来确定控制阈值。

6.2　基于系统统计预测的结构安全监测评价

采用系统统计预测的方法，针对结构安全监测系统中的主要监测参数（应变、挠度等），设计相应的系统预测数学模型系统统计预测，通过对历史数据的回归分析和曲线拟合预测未来，从而判定结构参数在阈值界限内的使用度，对系统的未来发展作出预测，如采用使用度评价指标进行评定。[6]

$$syd = \max\left(\frac{v-w}{h-w}, \frac{w-v}{w-l}\right) \times 100 \qquad (1)$$

式中　v —— 结构参数监测信号值；

　　　h —— 结构参数设计极大值（扣除恒载效应的包络图上限）；

　　　l —— 结构参数设计极小值（扣除恒载效应的包络图下限）；

　　　w —— 结构参数设计工作值（取零荷载效应值）；

　　　syd —— 设计能力使用度。

将实测的结构参数值与控制阈值进行比较，判别当前监测的结构参数（应变、挠度等）的设计能力使用程度；例如当 K 线周期中的最大值使用度或最小值使用度达到或超过 + 75% 或 – 75%，也就是说该测点的信号在某个周期内设计允许范围内的使用程度已经达到 75%，以此标准判定结构的安全状态。[7]

7 结构安全监测预警系统

7.1 预警系统组成

重庆国际博览中心结构安全预警系统的主要作用在于通过传感器采集的数据对建筑结构安全状态进行监测评估，整个系统涵盖监测系统的数据采集、数据分析及数据反馈三部分。

7.2 数据采集功能模块

数据采集模块主要具备以下功能：① 存储仪器自动采集的数据。② 存储人工输入的基本数据库，在结构进行相应荷载识别时进行调用。

7.3 数据处理功能模块

数据处理功能模块将主要实现如下的功能：① 结构状态记录功能。② 安全报警功能。③ 突发事件的监测数据保存功能。④ 数据统计处理功能。

7.4 数据反馈功能模块

数据反馈模块主要是在数据分析之后提供可供用户操纵的数据平台，其实现的功能有：根据数据分析的结果，进行相应的数据展示，并针对不同的预警控制，发出预警信号。安全预警系统的人机交互界面由系统设置和历史数据组成，系统设置包括操作员设置、测点设置、系统参数设置、报警短信接收人设置、操作员查询、测点查询、报警短信接收人查询和系统升级程序上载共 8 个功能，以实现人机交互展示，如图 6 所示为第 Ne01-H5-s-7 号应力监测点的应力-时间变化曲线。

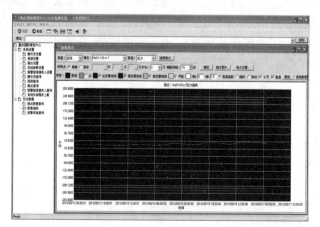

图 6 Ne01-H5-s-7 号应力监测点应力-时间变化曲线

8 结 论

由于国内外大型建筑结构进行健康监测的案例少之又少，只有极少部分国家特别重大的场馆设施进行了施工阶段的智能化监测，可谓凤毛麟角，随着建筑结构越来越向新颖、高大、智能化方向发展，其安全问题也越来越突出，也越来越得到各方的重视，这也为大型建筑结构健康监测的研究和应用提供了良好的平台和发展空间。

本文以重庆国际博览中心为例，介绍了大型建筑结构长期安全健康监测系统如何设计、组建，如何融合建筑、结构、电子、信息及统计等多个学科，如何进行硬件设计和软件开发等等，诚然，这只是保证系统正常运行的基本条件，而大型建筑结构的安全监测评估系统这个主要用于评估结构体系，解决人们最为关心的结构安全问题的系统才是安全监测的重中之重。在本文的续篇《大型建筑结构长期安全健康监测系统实现》中将重点介绍大型建筑结构健康监测的安全监测评估及应用。

参考文献

［1］ 周雨斌. 网架结构健康监测中传感器优化布置研究[D]. 浙江：浙江大学，2008：6-10.

［2］ 祝小龙. 基于远程监测的大型建筑结构安全监测关键技术研究报告[R]. 重庆：重庆市勘测院，2012：34-37.

［3］ 廖黎海. 重庆西部国际会议展览中心风洞试验研究报告[R]. 成都：西南交通大学风工程试验研究中心，2011：1-4.

［4］ 李慧，欧进萍. 斜拉桥结构健康监测系统的设计与实现（Ⅰ）系统设计[J]. 北京：土木工程学报，2006（4）：39-44.

［5］ 周建庭等. 实时监测桥梁寿命预测理论及应用[M]. 北京：科学出版社，2010：70-89.

［6］ 周建庭. 基于可靠性理论的桥梁远程监测系统安全评价研究[D]. 重庆：重庆大学，2005：55-59.

［7］ 梁宗保. 基于监测信息统计分析的桥梁结构安全评价研究[D]. 重庆：重庆大学，2006：99-101.

第一作者

　姓名：祝小龙

　出生年月：1983 年 8 月

　性别：男

　民族：汉

　籍贯：四川蓬安

　职称：工程师

　学历：硕士

　研究方向：结构工程变形测量、健康监测

　单位：重庆市勘测院

第二作者

　姓名：向泽君

　出生年月：1965 年 4 月

　性别：男

　民族：汉

　籍贯：重庆万州

　职称：正高级工程师

　学历：学士

　研究方向：工程测量

　单位：重庆市勘测院

山地地区高分卫星影像正射纠正研究

罗鼎 袁超 胡艳

（重庆市地理信息中心，重庆 401121）

摘　要　随着国内外对地观测卫星技术的不断进步，山地地区高分卫星影像获取能力大大提升。针对山地区域高分卫星影像云雾多、成像阴影多、纠正位置精度控制难等问题，提出山地区域高分卫星正射纠正生产方案。试验证明，经过大气校正、可视化的地形修复等处理后可解决薄雾去除和影像扭曲变形等问题；同时，GPU 并行计算可实现影像快速融合、控制点自动选择等操作，大大提高生产效率，可为山地区域高分卫星影像快速处理提供参照。

关键词　山地区域　高分卫星　正射纠正　DEM 修复

1　引　言

我国是个多山国家，山地面积约占全国面积的 2/3，山地是我国社会经济与城镇发展的重要战略资源。随着通信技术和传感器技术的飞速发展，卫星影像的空间分辨率越来越高，已经向亚米级等超高空间分辨率的方向发展。数字正射影像不仅精度高，信息丰富，直观真实，而且数据结构简单，便于管理，能很好地满足社会各行各业的需要。同时，由于成像范围大、生产周期短、更新频率快等优势，高分卫星影像已取代传统航空摄影成为区域遥感影像保障的首要数据源。

山地地区不同于平原地区，山地多云雾的气候特点经常导致卫星影像获取困难且分辨率差，且山地较大的地形起伏为造成卫星成像有较多阴影等问题[1]。因此，卫星影像处理时需要用高精度的数字高程模型（DEM）进行投影差纠正，经过消除地形变形后得到的卫星影像才可以制作数字正射影像图（DOM）[2]。鉴于现势性强、精度高的 DEM 获取与更新困难的现状，如何为地理国情普查、土地卫片执法检查、城乡规划遥感督察等项目提供高质量的DOM，成为影像生产单位的当务之急。

2　正射处理流程优化

山地地区与平原地区高分卫星影像正射处理的影像因素除了云雾等气象差异外，更重要的是地形高程的差异。对于平原等地区，高分卫星影像的薄雾与投影差的问题可忽略，传统正射处理流程大致为：影像处理（先做全色影像的正射纠正，再做全色与多光谱影像配准与融合）→影像镶嵌与色彩平衡（影像镶嵌，匀色处理）→纠正误差分析与检查。然而，在山地地区，薄云去除与投影差改正是高分卫星影像正射纠正的必要环节。同时，由于山区的地形起伏较大，经过 DEM 正射纠正后的全色与多光谱影像配准较为困难，局部区域可能出现重影、发虚等现象。鉴于常用的国外商业卫星全色与多光谱镜头之间是没有倾角[3]，原始的全色影像与多光谱影像空间位置基本是一致的，若直接将获取的全色与多光谱影像进行影像融合，则不会出现影像重影、发虚等问题，且影像色彩、纹理更清楚，所以，建议山地地区高分卫星影像正射处理可以先做影像融合再做正射纠正，同时，应特别注意 DEM 现势性差的问题，应采用多次图面地物的变形检查（重点为扭曲、拉花）的方式更新 DEM。例外的是，国内高分卫星（如资源三号）由于卫星搭载的传感器上的全色镜头与多光谱镜头存在一定倾角，原始的多光谱与全色影像空间位置是不一致的，需要对两种影像先正射纠正后再进行位置配准，最后才可以影像融合[4]。

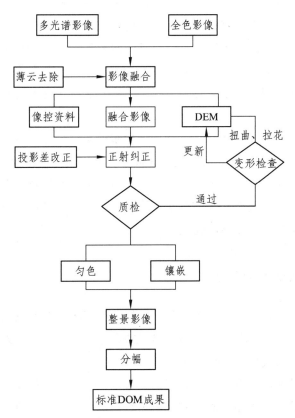

图 1　山地区域高分卫星影像正射处理流程

3　纠正模型与像控点布设

影像正射纠正模型与卫星成像模型密切相关。成像模型反映了遥感影像上的像点坐标与其相应的地面点坐标之间数学关系。成像模型一般可以分为两类：一种是依据传感器成像特性，利用传感器摄影中心、影像点以及其相应的地面点之间三点共线的严密的几何关系建立的严格成像模型（也称物理模型），如 Toutin 模型。另一种是与特定传感器无关、直接以形式简单的数学函数来描述影像点与其对应地面点之间关系的广义成像模型，如多项式、直接线性变换、仿射变换、有理函数等模型。

由于高分辨率卫星的传感器、轨道等参数信息处于技术保密的原因暂不向用户公开，卫星公司常常利用有理函数模型（Rational Function Model，简称 RFM）来替代严格的成像模型，并将多项式有理函数系数（Rational Polynomail Cofficient，简称 RPC）参数作为原始影像元数据的一部分提供给用户。实际上，有理函数的系数是利用地面控制点三维坐标与像点坐标通过最小二乘解算得到的，有理函数的拟合曲面并不严格通过地面控制点，也不代表地面的真实起伏，因此，有理函数模型的精度受地面控制点的数量、分布和精度等综合影响。在地形平坦地区，常规的多项式几何校正方法能够有效消除影像的几何变形，但由于没有考虑地形起伏对影像几何形变的影响，几何纠正只是以控制点约束进行影像拉伸变换，拟合程度与控制点的多少关联性大，还不是严格意义上的正射影像，在地形起伏较大的山地地区经常会产生严重误差。然而，顾及地形起伏的有理函数模型和 Toutin 模型可解决上述问题，其主要思路是结合影像地区的数字高程模型，采用物理模型建立像点与真实三维地理坐标之间的函数关系，对原始影像进行纠正并重采样，实现了山顶和山谷像元不同程度地缩放，实现真正的正射纠正处理[5]。

像控点布设方面，平原地区利用几何纠正最少布设 4 个控制点即可满足纠正精度，而山地地区控制点数需要不少于 16 个进行纠正，每条边上的控制点不得少于 3 个，且要求控制点在影像图幅范围和相应区域高程带内能均匀分布。对于某些地形较复杂的山区，还需要适当增加控制点进行正射纠正，甚至需要将单景影像裁切为若干子区域，分区进行选点和纠正并保证相邻分区有影像重叠带和公共像控点。

4 存在的问题及处理办法

地形起伏、太阳高度角、传感器侧视角、大气环境等因素都可能在一定程度上影响高分卫星影像的质量，山地地区这些问题更加突出，如影像阴影多、投影差大、雾气重等。一方面，对于山区来说，山区气候多为局部小气候，低空有水气重、云雾多等现象，卫星传感器拍摄的影像难免有云团和薄雾的现象，大面积的云雾不仅影响了影像的视觉效果，也加大了从影像上识别地物的难度，严重影响影像的可用性[6]。另一方面，山区的城市与交通建设，需要大量的土石方工程改造，原有的地形地貌几乎被改变，如果没有最新的高程信息资料，利用旧的 DEM 数据将造成正射影像纠正后图像出现扭曲、拉花等变形问题。

4.1 薄雾检测与去除等辐射增强处理

基于云雾光谱和红外特征的差异，通过有云区与无云区的可见光波动反射率及影像曝光信息差异，设置适当的判别阈值，实现阴影区域的快速自动提取，当前常用的遥感影像处理软件（如 PCI 与 ERDAS 等）都有相应大气分析模块可快速实现。对于厚云的处理，一般需借助多源、多时相影像数据进行遮挡区的修补。对于薄云、雾的去除处理还处于不断深化研究的过程，比较成熟的是基于图像增强的方法，一般通过影像自身的光谱信息统计分析来实现，例如对比度增强、小波分解等运算处理，能够有效地提高薄雾影像的对比度和改善视觉效果。在阴影去除方面，可通过对阴影区影像进行亮度与对比度增强处理，并尽量保持原有影像的纹理与色彩，实现云区与非云区亮度和色彩的自然过渡[7]。如 ACTOR 大气校正模块可以对卫星影像进行很好的地形阴影纠正，此外，利用多光谱影像中的不同波段（近红外与蓝色）影像对薄雾的大气参数（通透度、水蒸汽）等进行统计分析，然后根据计算的阈值可有效消除影像中的雾气[8]。

4.2 时效性差的 DEM 更新处理

针对山地地区特别是城市建设集中区，频繁的挖山开路、填沟修城带来的 DEM 现势性变化，使得旧的 DEM 数据与现实真实的地貌不一致，导致高分卫星影像正射纠正后扭曲变形区域较多的问题，目前有两种解决途径。一种方式是利用 Photoshop 软件裁切相同区域的纠正前的融合影像对变形区域影像进行贴补，并利用变形与羽化等处理手段保持贴补周边区域影像纹理的吻合，但是该方法不能从根源上解决影像扭曲变形的问题，下一次 DOM 生产还需要同样的操作，因此，该种方法仅适合于变形量较少的小区域卫星影像纠正处理。另一种方法为更新 DEM，可采用立体像对或航测空三加密等方式，但该方法生产成本较高；此外，还可以在航空摄影测量辅助软件中进行变形区域的 DEM 修补。以 PCI 软件的二维可视化DEM 编辑工具为例，其基本流程为：首先利用旧的 DEM 对卫星影像进行正射纠正，对初纠正后的影像进行人工判读变形区域，然后在 DEM Editor 工具中对需要修改的区域进行 DEM快速编辑[9]，该工具包含通过多边形、栅格图等模式修补 DEM，对于新建道路等区域的高程修改十分便捷，并在模块中考虑了修补区域周边高程值渐变等算法，有效地解决了修补区域与周边区域地形起伏的平滑过渡。

5 案例分析

5.1 研究区概况

重庆市位于中国西南地区，长江上游的四川盆地东南部，地处大巴山断褶带、川东褶皱带和川湘黔隆起褶皱带三大构造单元交汇处，地势东高西低。全市主要地貌类型有山地、丘陵和平地三种，其中山地面积占全市面积的 77.46%，是典型的山地区域。主城区城市建成区面积超过 600 平方千米，主要集中在铜锣山与中梁山之间的槽型区域，城区高楼、立交密布，新城拓展区削山造地现象普遍，城市建设十分迅速。

5.2 数据准备

（1）原始卫星影像数据要求及预处理。已采集的高分卫星影像有 Geoeye-1、WorldView-2 等类型，成像时间为 2013 年 6—8 月，产品级别为预正射纠正标准产品，产品类型为原始全色波段和多光谱（R、G、B、NIR 波段）数据，并含有 RPC 参数文件，部分影像有一定云量，但少于 10%。

（2）控制点及检查点数据的选取。优先采用高精度大地控制点、外业像控点点资料；其次在 1∶500～1∶2 000 的地形图覆盖的城区，可直接从地形图资料中调用符合规范精度要求的特征点坐标作为控制资料；还可直接参照历史正射影像成果（DOM）选取控制点。

（3）DEM 批处理。对重庆山地多、高差大的特点，需要采用覆盖全市的数字高程模型对地表投影差进行改正，DEM 的精度和格网分辨率应与影像像元分辨率和成图比例尺相适应。经测试，格网间距 5～20 米，点位高程中误差 15 米以内，比例尺为 1∶10 000～1∶25 000 的 DEM 可满足分辨率优于 1 米的山区高分卫星影像正射纠正。

5.3 正射纠正及质量评价

5.3.1 正射纠正自动化处理

本次研究使用 PCI Geomatica 的新模块 GXL（地理成像加速器），该模块可实现影像自动化批处理的 GPU 并行计算，在完成影像导入和影像融合操作后，可自动提取原始文件中的 RPC 参数文件，实现控制点（GCP）自动采集，支持自动采集 GCP 的 4 种参考数据模式：正射校正影像/地理参考影像、控制点影像库、路网数据、多边形矢量数据（房屋、水系）。通过试验，高精度的历史正射影像选取控制点效果较好，单景影像可自动选择超过 100 个控制点（见图 2），且空间分布均匀，同时支持人工手动改正 GCP，并使控制点点位中误差控制在 2 个像元以内。

图 2　基于 GXL 自动选择 GeoEye 影像的控制点图

5.3.2 薄雾去除

以重庆市某区 WorldView 卫星影像去雾处理为例，本研究利用 PCI 软件中的 ACTOR 大气校正模块，该模块通过输入传感器几何条件、光谱特征及成像时的气溶胶等参数，通过蓝波段与近红外波段测定出气溶胶、水蒸汽浓度参数的不同，再通过插值法计算地表反射率，从而进行精确快速的大气校正，达到薄雾消除的效果。通过目视比较处理前后的高分影像可以发现（见图 3），大气校正前图像对比度不高，大气校正以后，有效地去除了薄雾对图像的影响，影像对比度明显增加，右侧中间山地地区地物更加清晰可辨，恢复了下面的原貌。

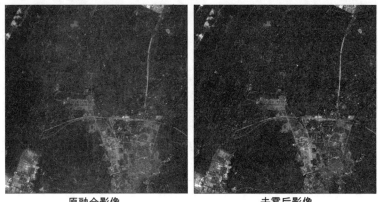

原融合影像   去雾后影像

图 3　基于 ACTOR 模型的影像去雾处理效果

5.3.3　DEM 修复与更新

本研究采用 2000—2004 年生产的 1∶10 000 DEM 成果，由于 DEM 成果数据更新较慢，特别是在山区城市新建拓展区内，厂区与道路的地形挖填方特别大，利用旧的 DEM 来做高分卫星的正射纠正处理将导致影像局部区域出现严重变形现象（拉花、扭曲和偏移等）。在正射纠正中，可先用旧的 DEM 将影像进行第一次纠正，通过目视判别影像不正常变形区域，勾画其边界制作为掩膜层。然后，在利用 PCI 软件的 DEM Editor 工具逐一将掩膜区域进行二维 DEM 可视化编辑，可对掩膜区进行高程均值平滑、首末端渐变、沿道路线取均值、固定高程值等操作，同时可设置掩膜区的渐变缓冲值，防止掩膜区与周边区域高程值的突变。最后，将修改后的 DEM 再导入正射纠正模块进行正射纠正。经过 DEM 修复后的正射纠正影像基本消除道路、厂房的扭曲变形现象（见图 4）。

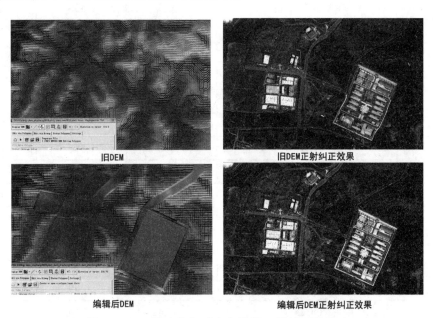

旧DEM   旧DEM正射纠正效果

编辑后DEM   编辑后DEM正射纠正效果

图 4　DEM 快速修复对高分影像正射纠正的影响

5.3.4 质量评价

正射影像质量评价可分为空间精度和图像效果两个方面：空间精度主要为几何纠正质量，如影像空间坐标精度、有无明显变形等；图像效果质量主要包括影像镶嵌质量、融合质量和影像增强质量等，正射影像成果应保证影像接边处色彩基本平衡、层次分明、反差适中、过渡自然，地物合理接边、纹理清晰，无重影和发虚现象。依据地理国情普查正射影像生产技术规范等要求，基于 0.5 米分辨率的高分卫星影像进行的正射影像生产应基本按照 1∶10 000 比例尺成图精度进行误差控制[10]，山地地区的具体要求是：影像平面中误差为 7.5 米，影像间接边限差也为 7.5 米。若是不同影像数据源、不同控制数据源以及不同生产批次之间的正射影像的接边限差可放宽为 $\sqrt{2} \times 7.5 = 10.6$ 米。

表 1　某景 GeoEye 影像正射纠正后检查点精度统计结果　　　　米

序号	GCP_Check	X 残差	Y 残差	RMS
1	QC01	1.249	0.666	1.416
2	QC02	1.824	0.861	2.017
3	QC03	1.220	− 1.946	2.297
4	QC04	1.359	1.477	2.007
5	QC05	2.641	1.373	2.977
6	QC06	0.459	− 2.671	2.710
7	QC07	− 0.184	3.709	3.714
8	QC08	1.215	2.698	2.959
9	QC09	0.341	0.370	0.503
10	QC10	0.175	0.528	0.557
11	QC11	− 0.331	1.122	1.169
12	QC12	1.173	0.442	1.254
13	QC13	− 1.409	1.878	2.348
14	QC14	0.235	− 0.396	0.461
15	QC15	− 2.688	0.432	2.722
16	QC16	0.466	1.556	1.624
17	QC17	1.128	0.259	1.158
18	QC18	1.090	0.908	1.419
19	QC19	1.132	2.067	2.357
20	QC20	1.939	1.382	2.381
21	QC21	2.682	1.312	2.986
22	QC22	0.972	− 0.893	1.321
23	QC23	− 2.742	1.326	3.046
24	QC24	− 0.455	1.407	1.479

以某景 GeoEye 影像正射纠正检查为例，检查点参照 1：500 数字线划图（DLG），在空间上按"田"字型均匀分布整景影像，通过计算检查点的坐标偏差可得：

$$m_x = \sqrt{\frac{1}{24}\sum_{i=1}^{24}\Delta x_i^2} = 1.46; \quad m_y = \sqrt{\frac{1}{24}\sum_{i=1}^{24}\Delta y_i^2} = 1.56; \quad m = \sqrt{m_x^2 + m_y^2} = 2.14$$

所以检查点 X 方向中误差为 1.46 米，Y 方向中误差为 1.56 米，均方根中误差（RMS，Root Mean Square）为 2.14 米，小于山地地区的正射影像平面中误差为 7.5 米的要求，质量符合要求。

6　结束语

本文全面介绍了山地地区和平原地区在高分卫星影像正射处理技术上的差异性，重点说明了纠正模型与像控点布设等方面的改进办法。本研究以重庆市高分卫星影像处理为例，利用 GPU 并行计算进行了影像快速融合、控制点自动选择等试验研究。同时，针对山区阴影与薄雾多、地形起伏大等特殊问题，尝试了大气校正、可视化的地形编辑等技术解决途径，取得了较好的效果，为山地地区高分卫星影像快速处理提供了辅助依据，具有一定的实用价值。

参考文献

［1］　张永生，巩丹超. 高分辨率遥感卫星应用[M]. 北京：科学出版社，2004.

［2］　陈海鹏，董明. 高分辨率遥感影像在测绘生产中的应用潜力研究[J]. 测绘通报，2005（3）：11-16.

［3］　秦绪文. 基于拓展 RPC 模型的多源卫星遥感影像几何处理[D]. 北京：中国地质大学，2007.

［4］　唐新明，张过，祝小勇，等. 资源三号测绘卫星三线阵成像几何模型构建与精度初步验证[J]. 测绘学报，2012，41（2）：191-198.

［5］　李德仁，童庆禧，李荣兴，等. 高分辨率对地观测的若干前沿科学问题[J]. 中国科学，2012，42（6）：805-813.

［6］　刘云碧，汪虹，陈健. 山地、高山地卫星影像的正射处理与质量控制[J]. 地理空间信息，2009，7（3）：18-20.

［7］　LIANG S L, FANG H L, CHEN M Z. Atmospheric correction of Landsat ETM + land surface imagery part I：methods[J], IEEE Transactions 0 n Geosciences and Remote Sensing，2001，39（11）：2490-2498.

［8］　GUANTER L, RICHTER R, MORENO J. Spectral calibration of hyper spectral imagery using atmospheric absorption features[J], Applied Optics，2006，45：2360-2370.

[9] 欧龙，欧阳平，万保峰，等. 基于 PCI Geomatica 的数字正射影像生成实验及分析
[J]. 城市勘测，2007（5）：92-94.

[10] 李爽，李小娟，孙英君，等. 遥感制图中几何纠正精度评价[J]. 首都师范大学学报：
自然科学版，2008，29（6）：89-92.

作者简介 罗鼎（1984—　），男（汉族），四川南充人，工程师，硕士，从事遥感图像
处理和土地利用变化监测研究。

面向智慧城市的物联网服务平台设计与应用

张 溪　王 伟　黄递全

（国家测绘地理信息局重庆测绘院，重庆 400015）

摘　要　通过研究物联网信息获取传输与交换的关键技术，设计并开发了面向智慧城市的物联网服务平台，它实现了海量多源空间目标的地理位置及状态信息的实时获取、海量数据云存储和服务分发，可满足智慧城市多源信息实时感知获取需求，车联网的实例应用证明了此平台的科学性和实用性。

关键词　物联网　传感网　智慧城市

1　引　言

随着数字城市的大力发展和应用，以及传感网、物联网、无线宽带网、移动互联网、云计算、大数据等新技术的涌现及应用[1-4]，城市变得越来越智慧，智慧城市逐步从概念走向开发和应用。数字城市和物联网是智慧城市建设的两大基础。数字城市技术已经成熟和广泛应用。而物联网技术在测绘行业的应用还处于探索阶段，还没形成统一的标准。

本文研究了基于物联网平台的空间目标状态信息实时获取、传输与交换关键技术，并设计开发了面向智慧城市的物联网服务平台，实现了空间目标地理位置及状态信息的实时获取、海量存储和服务分发及应用。

2　平台架构

物联网服务平台主要包括前端数据采集系统、中间层云计算数据中心和后端的各种智慧城市应用，平台总体架构设计为三层结构，分别为采集层、服务层、应用层，如图 1 所示。

采集层由海量的分布式采集终端组成；采集终端最重要组成部分是中央控制单元，负责接收并解析多源传感器数据，按自定义通信协议通过通信网关实时将其推送至服务层云计算数据中心。

服务层由信息网关和云计算数据中心组成，信息网关实时负载接收多源分布式的传感器数据，云计算数据中心将其进行分类存储和实时数据分发服务。

应用层以多种平台多种方式对海量空间目标的实时状态信息进行展现并统计分析应用。

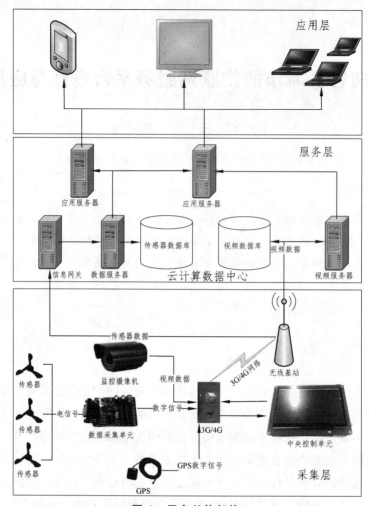

图 1 平台总体架构

3 平台开发关键技术

3.1 多源传感器多线程数据管理

前端采集系统负责实时收集各个传感器数据，经过解析处理，通过信息网关发送到云计算数据中心存储。前端采集系统需要协调多源传感器数据接收、存储、显示、发送等线程，对多个任务以控制。多线程的有效管理可以提高系统的效率，实现在同一时间内完成多项任务。其中用于数据显示的 UI 更新线程采用异步后台运行技术。断线重连线程，监测断线情况，重新连接服务器。

3.2 信息网关实时缓存

面对众多终端同时上传的海量数据，如果直接向数据库中存储势必造成信息网关严重阻塞，以至影响数据实时性，大幅降低信息网关性能。为了解决这一问题，设计信息网关实时数据缓存。通过数据缓存技术，在系统中划出一部分内存作为实时数据缓冲区，将解析成功的数据存入缓存池，因为内存的读取速度比数据库读取速度要高几个数量级，所以通过这种技术可以极大减少信息网关实时数据的阻塞几率，使信息网关发挥出更高性能。

3.3　海量时空序列数据云存储云服务

传统单机服务器和关系数据库存储模式，对海量传感器的实时并发大数据支持能力有限，且很难进行伸缩式扩展。而物联网数据中心对大并发实时数据的存取性能要求很高，这种模式往往是数据中心的性能瓶颈。

云计算的资源是动态扩展且虚拟化的，通过互联网提供，终端用户不需要了解云中基础设施的细节，不必具有专业的云技术知识，只关注自身真正需要什么样的资源以及如何通过网络来获得相应的服务。云计算技术是解决物联网数据中心性能瓶颈的有效手段[5-7]。通过部署大数据 Hadoop 平台，基于分布式数据库 HBase 进行海量实时时空序列数据云存储，然后通过 Hadoop 平台提供的 Hive 数据仓库等工具来对数据进行存储管理和云服务。

3.4　多源实时数据灵活展现

应用层采用了多种数据源并将其有机集成，提供综合统计分析操作及展示功能。其中采用的数据可以包括天地图底图数据、实时视频流数据、云服务提供的终端 GPS 及各种传感器数据。传感器实时数据可以采用多种展现形式，例如文本展现、仪表盘展现、数据实时折线图展现。使用仪表盘、和实时折线图使得展现效果更加直观，具有很好的用户体验效果。

4　平台应用

基于物联网服务平台，我们以汽车为载体开展了车联网应用。在汽车上装载各种传感器，如 GPS、速度、油压、油量等，通过物联网平台对车辆及其终端传感器进行统一管理，如图 2 所示。

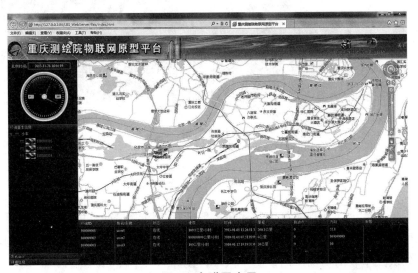

图 2　车联网应用

车联网应用是基于 B/S 架构 FlexViewer 框架，使用 ArcGIS API for Flex 进行开发的，用户通过浏览器即可访问该应用。它可以对车辆实时信息进行实时监控、超限预警、统计分析、历史轨迹回放等，并通过多种形式将信息展现给用户。图 3 以时间为横轴，速度为纵轴，以实时折线图的形式实时显示速度，可以更加直观地了解传感器数据的变化趋势。图 4 是对某个某时间段的车辆 GPS 轨迹进行查询回放。

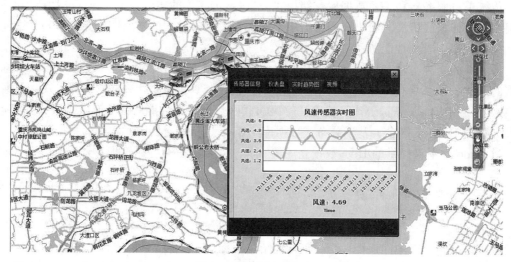

图 3　速度实时趋势图

图 4　历史轨迹回放

5　结　论

物联网服务平台设计具有高可用性和高扩展性，可满足智慧城市中多源信息的实时获取、海量存储和服务分发等需求。通过扩展增加各种类型传感器可应用于车联网、地质灾害防治、环境监测等领域。车联网实例应用证明了该平台设计的科学性和实用性。

参考文献

[1]   朱洪波，杨龙祥，朱琦. 物联网技术进展与应用[J]. 南京邮电大学学报：自然科学版，2011（01）：1-9.

[2]   侯丰山. 物联网技术研究与应用[D]. 北京邮电大学，2013.

[3]   许岩，李胜琴. 物联网技术研究综述[J]. 电脑知识与技术，2011（09）：2039-2040.

[4]   张海涛，张永奎. 物联网体系架构与核心技术[J]. 长春工业大学学报：自然科学版，2012（02）：176-181.

[5]   孙芳杰，关奇. 云数据中心虚拟资源管理系统研究[J]. 通信管理与技术，2013（03）：24-26.

[6]   高林，宋相倩，王洁萍. 云计算及其关键技术研究[J]. 微型机与应用，2011（10）：5-7.

[7]   殷康. 云计算概念、模型和关键技术[J]. 中兴通讯技术，2010（04）：18-23.

项目来源 国家测绘地理信息局 2014 年基础测绘科技项目"面向智慧城市的物联网关键技术研究和应用""重庆测绘院信息化测绘体系关键技术示范应用"资助。

第一作者 张溪（1985—   ），男，河北承德人，工程师，博士，生态遥感专业，国家测绘地理信息局重庆测绘院，主要从事地理国情监测、信息化测绘体系建设等实施工作。

激光扫描技术在重庆罗汉寺文物保护工程中的应用

黄承亮

（重庆市勘测院 重庆 400020）

摘 要 本文介绍了三维激光扫描技术和相关点云处理软件，应用三维激光扫描技术对重庆罗汉寺文物保护工程进行了数据采集、数据预处理、建筑特征提取、点云建模和三维仿真系统建立，该项目的实施对三维激光扫描技术在文物保护方面的应用具有典型的代表意义和社会经济价值。

关键词 三维激光扫描 点云数据 特征提取 文物保护

1 引 言

三维激光扫描技术是最近发展起来的测绘新技术，它与传统测绘方法相比具有明显的优越性。它可以在短时间内采集海量的目标点坐标，测量精度很高。形成的点云，可以进一步处理构建目标三维模型，真实再现目标面貌。三维激光扫描技术在地面景观形体测量、复杂工业设备测量与建模、建筑与文物保护和城市三维可视化模型建立等各个方面都有广泛的应用。

重庆罗汉寺是全国汉族地区重点佛教寺庙之一，始建于北宋治平年间，至今已有近千年的历史。因为罗汉寺建筑时间久远，其建筑因破损需要维修，而大部分建筑均无建筑图纸等资料及数据。因此本项目采用三维激光扫描技术对罗汉寺内主要建筑物进行三维扫描测量，获取建筑物顶高及建筑主体轮廓的精确尺寸，建立三维仿真系统，留下宝贵的历史档案。

2 三维激光扫描仪和相关软件介绍

2.1 三维激光扫描仪

本项目采用的是奥地利 RIEGL 公司的最新一代激光扫描仪：VZ-1000 三维激光扫描仪。该仪器由高精度、长距离三维激光扫描仪和高分辨率的数码相机组成。VZ-1000 三维激光扫描仪最远扫描距离可达 1 400 m，测量精度优于 5 mm，建模精度优于 2 mm，并且该仪器配有云台设备可以采用不同倾角对建筑进行扫描。

2.2 相关软件介绍

2.2.1 RiSCAN PRO

RiSCAN PRO 是三维激光扫描仪 VZ 系列的自带软件。用户可以用 RiSCAN PRO 软件配置传感器参数、进行数据获取、数据显示、数据处理和数据存档等操作。

2.2.2 Geomagic Studio

由美国 Raindrop（雨滴）公司出品的逆向工程和三维检测软件 GeomagicStudio 可轻易地从扫描所得的点云数据创建出完美的多边形模型和网格，并可自动转换为 NURBS 曲面。Geomagic Studio 可根据任何实物零部件自动生成准确的数字模型。

3 建筑物数据采集方法

运用三维激光扫描仪对罗汉寺内主要建筑物及罗汉（塑像）进行三维数据采集。由于建筑物造型复杂，数据获取困难，因此需要进行多站扫描，同时配备"云台"设备获取整体数据。

罗汉寺的数据采集复杂多样，其内建筑物多、密度大，同时参观人数多、人流量大，为了扫描效果和工作效率，扫描时采用"粗扫"和"精扫"相结合的方式进行数据采集。"粗扫"时采用全圆 360°的扫描方式进行，扫描距离设置为 450 m，采样间隔设置为 100 m 处 0.05 m，扫描一周时间为 2 min。"粗扫"目的是为了获得测站四周建筑物整体的轮廓点云数据，如图1 所示。"精扫"时采用选择特定区域，扫描距离设置为 450 m，采样间隔设置为 100 m 处 0.02 m方式进行，"精扫"目的是获得主要建筑物的重要区域的精细点云数据，如图 2 所示。采用"粗扫"和"精扫"相结合的作为方式，保证了扫描数据满足工程精度要求，同时尽可能提高了工作效率。

图 1　部分"粗扫"数据　　　　　　　图 2　部分"精扫"数据

由于需要测量罗汉寺内主要建筑物的顶高数据，在数据采集时采用了"云台"测量工具，该工具可以在垂直方向上从 0°到 90°进行变化，把激光扫描仪架设在该"云台"上，通过"云台"的角度变化进行倾斜扫描。采用"云台"技术进行数据采集，与常规扫描采集点云数据要求一致，主要采集了建筑物顶部数据。

为了使建立的三维模型真实及纹理清楚，在三维数据获取时，采用专用相机获取影像数据。为满足三维仿真系统建设的需要，对未获取影像的区域，采用单反相机单独拍摄。

4 建筑物点云数据处理方法

4.1 数据预处理

采用三维激光扫描仪配套数据处理软件 RISCAN PRO，对多次扫描数据进行拼接，其拼接精度达到 2 cm。罗汉寺内建筑物繁多，分布密集。整体浏览和处理都不方便，为了更快捷、清楚地对数据进行处理，需要对罗汉寺整体点云数据进行裁剪。通过 RISCAN PRO 软件的裁剪功能对点云数据的裁剪，罗汉寺内主要建筑物的独立点云数据，如图 3 所示。

图 3　部分建筑物点云数据

图 4　影像匹配后大雄宝殿点云数据

由于原始扫描的建筑物点云数据没有颜色信息，浏览和处理并不直观，仅仅依靠激光点云对物体进行三维建模是不够的，缺乏对表面纹理特征的有力表达，因此采用影像匹配技术对点云赋予颜色，如图 4 所示为罗汉寺大雄宝殿彩色点云数据。

4.2 建筑物特征提取方法

通过三维激光扫描获得罗汉寺建筑物数据是三维点数据，对建筑物而言，其关键数据是建筑物各重要部位的轮廓线数据，建筑物轮廓线数据也是其设计、修复、建模的基础数据。因此需要对罗汉寺的主要建筑物的轮廓特征进行提取。将整理好的罗汉堂点云数据，导入自主研发的点云数据处理程序，进行数据处理。该程序主要包含点云电力线提取、点云斜坡提取、点云特征提取、点云线地物搜索等用于地形处理的功能。

运用点云数据处理程序相关功能，提取建筑物的外围轮廓线、屋脊线等。通过软件提取，最终得到罗汉寺主要建筑的特征线如图 5 所示。

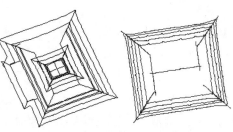

图 5　屋脊线提取

基于对文物保护需求，需要采集罗汉寺内各建筑顶部的准确高程数据。此前地形图测量时，受条件的限制，只采集了部分建筑的顶部高程数据，而点云数据中涵盖了所有的建筑物顶部高程数据，采用 RISCAN PRO 的点特征提取功能，提取所有高程数据。与常规采集数据进行比较，同部位高程差最大值为 12 mm。图 6 为大雄宝殿的顶部高程点提取。

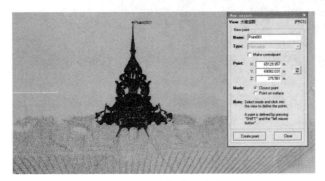

图 6　大雄宝殿顶部高程点提取　　　　　图 7　罗汉（雕塑）精细点云数据

4.3　精细模型制作

　　对采集的罗汉（塑像）进行精细模型制作。模型制作时，根据点云数据，提取特征线，匹配现场采集的影像资料，进行点云数据拼接、裁剪，获取罗汉（塑像）的精细点云数据。将点云数据导入 Geomagicstuido 点云建模软件进行精细建模处理，先对点云数据进行降噪处理，然后对点云数据进行封装，通过封装使点云数据生成空间三角网模型数据，对空间三角网模型数据进行补洞、平滑、修复等优化处理，得到罗汉（塑像）精细三维模型。该三维模型为后期维修等留存宝贵的历史数据资料。

图 8　罗汉（雕塑）精细模型

4.4　三维仿真系统建设

　　根据前面各工序获取的地形图、三维点云数据、影像数据等资料，利用三维建模软件 3DS MAX 或 CREATOR 等进行模型制作并贴上真实材质。采用自主研发的集景—三维仿真平台建立罗汉寺三维仿真系统，实现场景的快速浏览漫游，建构筑物的快速查询和三维定位等。系统中保留罗汉寺详细的历史信息，留下文物的详细历史档案，为后期管理提供一个直观、科学的平台。如图 9 所示。

图 9　罗汉寺俯视全景图

5　结　语

本文主要采用三维激光扫描技术应用于重庆罗汉寺文物保护工程，通过外业数据采集，内业数据处理，对建筑物进行轮廓特征提取，构建精细三维模型，建立三维仿真系统，为罗汉寺的文物和建筑留下了宝贵历史档案，为后期维修等工作提供了依据。通过该项目的实施为三维激光扫描技术对古建筑的数字化保护探索了一条可行的技术路线。

参考文献

[1]　王晏民，郭明，王国利. 利用激光雷达技术制作古建筑正射影像图[J]. 北京建筑工程学院学报，2006，22（4）：19-22.

[2]　郑德华，雷伟光. 地面三维激光影像扫描测量技术. 铁路航测，2003（2）：26-28.

[3]　余明，丁辰，刘长征. 北京故宫修复测绘研究[J]. 测绘通报，2004（4）：11-13.

[4]　刘旭春，丁延辉. 三维激光扫描技术在古建筑保护中的应用[J]. 测绘工程，2006，15（1）：48-49.

[5]　马立广. 地面三维激光扫描测量技术研究. 武汉：武汉大学，2005.

[6]　尚涛，孔黎明. 古代建筑保护方法的数字化研究[J]. 武汉大学学报：工学版，2006，39（1）：72-75.

[7]　张远智，胡广洋，刘玉彤，等. 基于工程应用的三维激光扫描系统. 测绘通报，2002，1：34-36.

作者简介　黄承亮（1984—　），男，重庆人，高级工程师，硕士，主要从事大地测量及测量工程、三维激光扫描方面的研究。

GM（1，1）模型在基坑监测中的应用

陈朝刚　邓　科　傅光彩

（重庆市勘测院，重庆，400020）

摘　要　地下空间开发的快速增长，引发的深基坑工程事故也随之增加，这种情况在山地城市尤其多见。因此，对施工过程进行全方位的监测和变形预测分析，及时、准确地反馈基坑变形动态，对工程安全起着至关重要的作用。本文叙述了 GM 模型的原理、生成方法，并以重庆某监测项目为例，采用 GM 模型对监测结果进行预测，并分析基于小波变换前后的预测效果和精度水平。结果表明，经小波变换后 GM 模型能够达到更好的应用效果。

关键词　小波变换　GM 模型　基坑工程　变形预测

1　引　言

基坑相关工程除保证自身建设安全外，还需满足周边环境的安全与正常使用。随着时间的推移，基坑边坡会因为各种因素的影响而产生变形，可能造成基坑塌方甚至临近建筑物倒塌，因此必须在开挖施工期间对基坑及周边环境进行监测，预警并防范过大位移、变形与工程事故的发生[6]。

基坑开挖过程是一个动态过程，其函数是一个关于多种复杂因素的高度动态的非线性关系，目前时间序列预测、灰色系统理论、人工神经网络等方法已经在工程实际中得到应用。这类方法可以认为是基坑施工期间配合信息化工作的一种过程预测，在调整施工参数、优化设计及指导施工方面具有重要的理论指导意义和应用价值[7]。

2　小波消噪

基坑位移和沉降监测时，常会出现监测曲线突变、变化速率增大的特点，这种波动反映了降雨、爆破、支护，或仪器本身因素等情况产生噪声，为提高基坑稳定性评价的准确性，需对数据信号进行降噪处理，保留其实际的变形状态，消除噪声部分。小波变换多分辨分析的特性，使其在降噪滤波方面具有很强的优势。

本文采用比利时数学物理学家德比契斯（I.Daubechies，1998）构造的一种正交小波基低通滤波和高通滤波器，这种滤波器只需要知道低通滤波系数 $h(n)$ 即可。利用小波变换对监测数据进行消噪的基本步骤为：

（1）小波分解。选择一组小波滤波系数构造变换矩阵 W，并确定其分解层次 J，即分解的最佳尺度，然后对观测数据 $x(t)$ 进行 J 层小波分解。

（2）小波分解高频系数的阈值量化处理。对每一层的小波系数通过一个合理的阈值量化。目的在于从高频信息中提取弱小的有用信号。根据阈值选择方式的不同，常有三种小波消噪方法：强制消噪（频系数全部设为 0）、默认阈值消噪（阈值由某种规则产生）、给定软阈值消噪处理（阈值由分析时反复对比得到）。本文采用软阈值消噪处理。

（3）信号重构。根据第 J 层的各小波分解系数进行小波重构。

3　灰色系统 GM 模型

灰色模型（Gray Model）是将杂乱无章的原始数据序列通过一定的方法处理后形成有规律的数列，将数列建立差分方程，建立起带有参数的离散灰色模型，通过最小二乘法原理，估计参数的大小，将得到的新的预测序列进行累减处理得到原始的模型预测值，用与实测值比较获得的残差，对 GM 模型进行精度检验[9]。在使用灰色系统之前，应验证原始数据是否满足灰色系统的要求，常用的检验方法有光滑性检验、指数规律检验、级比检验[8]。

利用变换后的序列建立模型，所得结果需经过相应的还原处理，变回原始序列模拟值。

3.1　灰色序列生成方法

灰色系统深度挖掘系统内部数据间的潜在关系，充分获得需要信息，故这种模型能最大限度的反应基坑施工期周边建筑物变形数据的本质和规律。常用的灰色序列生成方法有：累加生成、累减生成、均值生成、强化算子、弱化算子等[10]。

灰色系统理论在预测中最常用的模型是 GM（1，1）模型，由一个只包含单变量的一阶微分方程构成的模型。它是灰色系统理论应用中的重要内容，经过实践检验能够很好地预测一些有单调上升规律的随机波动的离散数据。

3.2　灰色模型精度检验

利用 GM（1，1）模型预测的变形值是否可靠，必须通过一定的检验手段和评价标准进行验证，为了提高预测精度，需要对所得成果与原始数据列的残差进行辨识，检验该模型是否能够用于变形预测。

对模型可靠程度的评定有三种方法，即残差检验、关联度检验、后验方差检验[11]。灰色模型的精度通常用后验差法检验。令 S_1 为原始数据的均方差，S_2 为残差的均方差，取

$$C = S_2 / S_1 , \quad P = \{|\varepsilon(k) - \overline{\varepsilon}| < 0.674\,5S_1\}$$

若 P、C 都在允许范围之内，则可计算预测值。否则需要进行残差修正，以保证预测的可靠性。根据经验，一般可按表 1 给出的精度划分等级。

表 1　模型精度的经验指标

预测精度	好	合格	勉强	不合格
P	>0.95	0.95～0.8	0.8～0.7	<0.7
C	<0.35	0.35～0.5	0.5～0.65	>0.65

3.3　灰色模型 GM（1，1）新陈代谢

对于原始数据序列 $x^{(0)} = \{x^{(0)}(1), x^{(0)}(2), x^{(0)}(3), \cdots, x^{(0)}(n)\}$，设 $x^{(0)}(n+1)$ 为新信息，将新信号放入 $x^{(0)}$ 里作为最后一个数据，通过此数据建立的模型叫作新信息 GM（1，1）。随着时间的推移，老数据在信号处理中发挥的作用会逐渐减少。在不断补充新信息的同时，应及时去除老信息，以实现数据的更新，提高预测精度，同时减小计算机的内存，运算量少。

4　工程实例应用与分析

4.1　工程概况

重庆某项目占地面积约 0.043 km²，位于重庆江北区江北嘴。设计地坪标高 230 m，地下室设计基坑开挖底标高 166 m，结合环境设计标高，基坑边坡高度 28～64 m，场地北侧为已建成的金沙路，东侧为在建轨道交通六号线一期大剧院站；南侧为已建成江北城 B9 市政道路，西侧为施工区域。边坡安全等级为一级，抗震设防裂度 6 度。在施工过程中，需要保障基坑及边坡的安全，故需对其定期进行变形监测工作。

4.2　基坑数据处理与初步分析

本工程对基坑的周边环境进行监测，选择基坑周边路面沉降监测进行预测方法研究。样本为 2013 年 3 月至 5 月金沙路路面 23 个沉降监测点进行的 16 期观测数据，观测频率为每 3 天一期，采用 Leica DNA03 型电子水准仪（标称精度为 0.3 mm/km）配条形码铟瓦尺按二等水准观测精度要求与外围基准点联测，各期观测高程闭合差为最大为 0.55 mm，限差为 ±4.90 mm。篇幅所限，本文仅列举 B2 点监测数据。本例数据处理均采用 MatLAB 程序处理，分别编写了 datain、db4（datain）、GM11（datain，3）、GM11（db4，3）、Plotxy（x，y，datain）等子程序，以实现数据预处理、小波变换、灰色模型预测、基于小波变换的灰色预测、曲线绘制等功能。由于所测沉降监测数据为负值，需要对数据进行平移变换。经滤波处理后能够得到一条规律性较强的光滑曲线。实验选择经过变为正的数据进行小波处理。经小波变换后的数据见表 2。

表 2　B2 号点小波变换后的数据　　　　　　　　　　　　　　　　　　　　mm

序　号	观测时间	原始数据	平移变换	小波滤波	序号	观测时间	原始数据	平移变换	小波滤波
第 1 期	03.28	0	0	0.383 7	第 9 期	04.21	-1.94	1.94	1.675 3
第 2 期	03.31	−0.4	0.4	0.504 6	第 10 期	04.24	−2.1	2.1	1.827 2
第 3 期	04.03	−0.52	0.52	−0.633 3	第 11 期	04.27	−2.37	2.37	2.008 3
第 4 期	04.06	−0.65	0.65	0.768	第 12 期	04.30	−2.49	2.49	2.221 2
第 5 期	04.09	−0.78	0.78	0.944 4	第 13 期	05.03	−2.65	2.65	2.432 9
第 6 期	04.12	−0.96	0.96	1.155	第 14 期	05.06	−2.7	2.7	2.653 1
第 7 期	04.15	−1.14	1.14	1.343 3	第 15 期	05.09	−2.85	2.85	2.823 5
第 8 期	04.18	−1.22	1.22	1.509 3	第 16 期	05.12	−2.91	2.91	2.934 4

4.3 灰色模型预测分析

利用灰色模型对原始预处理数据和经小波滤波后的数据进行预测实验，实验测得灰色GM（1，1）模型级比检验合格，数据适用于灰色模型，最后得出各自的预测误差，绘出变化曲线进行对比。表3为灰色模型下的预测数据及其精度（模型新陈代谢至第13期监测数据），图1为实测监测值曲线（实线）、实测监测值灰色模型下的曲线（虚线）、小波变换后灰色预测曲线（点线）对比图。

表 3　灰色模型预测分析　　　　　　　　　　mm

期次	实测值	预处理	灰色预测	预测误差1	小波灰色预测	预测误差2
1	0	0	0	0	0.283 7	− 0.283 7
2	− 0.4	0.4	0.757 2	− 0.357 2	0.602 4	− 0.202 4
3	− 0.52	0.52	0.845 6	− 0.325 6	0.786 1	− 0.266 1
4	− 0.65	0.65	0.944 2	− 0.294 2	0.898 8	− 0.248 8
5	− 0.78	0.78	1.054 3	− 0.274 3	0.991 5	− 0.211 5
6	− 0.96	0.96	1.177 3	− 0.217 3	1.115 4	− 0.155 4
7	− 1.14	1.14	1.314 6	− 0.174 6	1.251 6	− 0.111 6
8	− 1.22	1.22	1.467 9	− 0.247 9	1.421 4	− 0.201 4
9	− 1.94	1.94	1.639 1	0.300 9	1.696 4	0.243 6
10	− 2.1	2.1	1.830 3	0.269 7	1.928 2	0.171 8
11	− 2.37	2.37	2.043 8	0.326 2	2.158 6	0.211 4
12	− 2.49	2.49	2.282 2	0.207 8	2.359 6	0.130 4
13	− 2.65	2.65	2.548 4	0.101 6	2.593 5	0.056 5
14	− 2.7	2.7	2.845 6	− 0.145 6	2.752 6	− 0.052 6
15	− 2.85	2.85	3.177 5	− 0.327 5	2.939 9	− 0.089 9
16	− 2.91	2.91	3.548 1	− 0.638 1	3.158 2	− 0.248 2

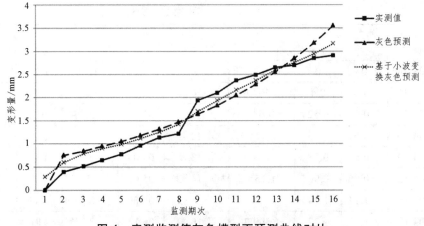

图 1　实测监测值灰色模型下预测曲线对比

测巴渝山水　绘桑梓宏图

采用后验差法检验模型精度，解算 $P = 0.97$，$C = 0.18$，对照表 1，可见选用基于小波变换灰色模型取得的预测效果较好。从表 3 和图 1 可以看出，若先将监测数据序列进行小波去噪处理，再进行灰色模型预测的方法，能够提高预测精度。直接用灰色模型预测的中误差为 0.21 mm，而经过小波变换后的灰色模型预测值，其平均相对误差为 0.14 mm，表明基于小波滤波的灰色模型有助于提高变形监测预测精度，小波滤波增强了数据的规律性，具有一定的适用性。第 14、15、16 期预测误差逐渐增大，说明预测时间越长，预测精度越低。若将最新的监测数据实时录入，可显著提高预测精度。

5 结束语

变形分析与预报的准确性和科学性将直接关系到基坑周边建筑物的安全与否，选择合理的预测模型有助于准确地预报未来的变形。本文结合重庆某深基坑项目的路面沉降数据对变形监测的数据处理和预测作了一些研究，主要结论如下：

（1）小波滤波后的数据规律性增强，有助于这预测模型的发挥，能提高预测精度。

（2）灰色模型具有较好的预测效果，特别是在沉降数据发生较大变形时，基于滤波的灰色模型能够有效减小噪声影响，使变形值更接近于实测值。

参考文献

[1] 宋真干. 浅谈岩土工程深基坑监测技术[J]. 中华民居：学术刊，2011（7）：358-359.

[2] 余志成，施文华. 深基坑支护设计与施工. 北京：中国建筑工业出版社，1997.

[3] 何军，杨国东. 灰色预测理论在建筑物沉降中的应用研究[J]. 测绘通报. 2012（3）：63-65.

[4] 张德丰. MATLAB 小波分析[M]. 北京：机械工业出版社，2009.

[5] 郭文杰. 基于小波变换和灰色模型的边坡变形分析研究[D]. 武汉：华中科技大学，2006.

[6] 岳菊红，王海霖. 深基坑施工中的监测项目及其特点. 中州煤炭，2003，123（3）：36.

[7] 楼楠，卫建东. 特殊情况下深基坑围护测斜及变形浅析. 测绘科学，2009，34（4）：42-43.

[8] 焦建新，袁博，杨永兴. 基于稳健 GM（1,1）模型的基坑变形监测数据处理方法[J]. 矿山测量，2007（4）：11-12，19.

[9] 邓聚龙. 灰色理论基础[M]. 武汉：华中理工大学出版社，2002.

[10] 谢文军. 基于小波变换和灰色模型的边坡变形分析研究[D]. 长安大学，2008.

[11] 胡东，张小平. 基于灰色系统理论的基坑变形预测研究[N]. 地下空间与工程学报，2009（1）：74-78，168.

作者简介 陈朝刚，男，汉族，四川广安人，助理工程师，本科，主要从事工程测量工作。

基于重庆市 GNSS 综合服务系统的北斗增强系统建设

夏定辉　肖勇　吴寒

（重庆市地理信息中心，重庆 401121）

摘　要　全球卫星导航系统处于高速发展阶段，导航系统应用市场竞争异常激烈，作为全球四大导航系统（GPS、GLONASS、伽利略和中国的北斗导航系统）之一的北斗卫星导航系统面临着机遇与挑战。为了推动北斗导航系统的应用市场，国内许多单位均在进行北斗导航系统建设，笔者对北斗在重庆建设增强系统的具体情况进行阐述，为北斗增强系统的建设进行有力的探索，以期对中国北斗增强系统的建设有所帮助。

关键词　全球卫星导航系统　北斗卫星导航系统　GPS　GLONASS　伽利略　北斗增强系统

1　引　言

卫星导航系统是国家安全和信息建设的基础设施，在国民经济建设中占有重要的地位，直接关系到国家安全和经济发展以及国防现代化的关键性技术支撑系统。全世界很多国家都在积极发展自己的卫星导航定位系统及其增强系统。美国有 GPS，俄罗斯有 GLONASS，欧洲有伽利略系统和我国有北斗卫星导航定位系统。

GPS 目前应用最为成熟、最为广泛，在应用市场上占有绝对地位。俄罗斯正在恢复和升级 GLONASS 导航系统。2002 年 3 月 26 日欧盟决定正式启动伽利略卫星导航定位系统计划，其宗旨在于提供高精度民用卫星导航定位服务，打破 GPS 在卫星导航定位领域的垄断，若在与美国 GPS 就 L1 和 L5 信号兼容上取得进展后，计划在 2012 年前投入运营[1]。

北斗卫星导航系统（COMPASS）是我国正在实施的自主发展、独立运行的卫星导航系统，是当今世界四大卫星导航系统之一。自 2000 年到今天，我国先后自行研制并发射北斗导航试验卫星和北斗导航卫星，建立了我国第一代卫星导航定位系统和我国第二代卫星导航定位系统，其已经在渔业、交通、电力和国家安全等诸多领域得到了应用。2020 年左右完成建设第三代的北斗系统使之成为一个全球卫星导航定位系统。

北斗卫星导航系统是我国自主建设、独立运行并与世界其他卫星导航系统相兼容的全球卫星导航系统。为进一步提高位置服务精度，北斗系统计划在全国范围内搭建北斗地面增强系统，为中国及周边大部分地区提供面向行业和大众应用的"实时分米级"和"事后厘米级"

定位服务，为重点区域和特定场所实现室内外无缝定位服务覆盖提供基础支撑。

2 北斗增强系统建设现状

北斗卫星导航系统是中国自主建设、独立运行并与世界其他卫星导航系统相兼容的全球卫星导航系统，被广泛应用于中国测绘、国土、城建、规划、水利等需要厘米级甚至更高精确定位需求的行业。现在国内基本建设完成基于 GPS 的连续运行跟踪服务系统，为了充分发挥北斗卫星导航系统的作用，需要在原有基础上建立北斗增强系统。目前国内已经开展增强系统建设，已经建设系统主要用于以下方面：

（1）高精度快速导航定位。

2013 年北斗导航地面增强系统率 2013 年已率先在湖北和上海落成使用。其中湖北北斗地基增强系统是全国首个省级北斗地基增强网，同时也是国家北斗地基增强网的一部分。建设工作由湖北省测绘局与湖北省气象局合作共建，以武汉大学相关院士团队为技术依托，于2013 年 2 月建设完成并投入试运行。广泛应用于测绘、国土、城建、规划、水利等行业。

（2）通信服务。

2014 年 5 月"渤海湾北斗地基增强系统"建设完成，标志我国首个海上北斗地基增强系统的建立，其为实现中国沿海的海上高精度快速导航定位奠定坚实的基础。同时，将为推动北斗卫星导航系统在国际航海应用提供支撑，为北斗应用提供相关通信定位与救援服务。

（3）交通导航，地面车辆跟踪和城市智能交通管理。

2014 年北京北清路北斗地基增强系统车道级导航与监控应用的试验成功，首次实现了北斗地基增强信息与高精度道路图融合应用，探索了北斗地基增强系统在道路交通领域应用的新模式与新体验。

尽管北斗增强系统已开始建设，由于刚刚起步，北斗增强系统的建设应用还面临许多问题：北斗导航系统目前还处于建设时期，自身的发展还面临许多的技术难题，在精度、可靠性、系统的完整性上还存在一些不足，这对增强系统建设有影响；增强系统建设没有统一的标准。鉴于此，重庆启动了基于北斗的重庆市 GNSS 综合服务系统的增强系统建设工作，完成首期工程项目建设，探索了在已有的 CORS 系统基础上完成北斗增强系统建设之路。随着我国北斗导航系统逐渐发展成为更高性能、更加可靠、更高效益的卫星导航系统，以及北斗增强系统的建设数量的增加，北斗导航系统将在社会中得到越来越广泛的应用，将在"授时矫频""科学研究"等方面体现出更大的社会价值[2, 3, 4]。

3 基于重庆 GNSS 综合服务系统的北斗增强系统建设

2006 年完成了重庆 GNSS 综合服务系统的建设[5]并经过测试已经为重庆市各行各业提供空间位置服务，由于信号单一，在使用上存在一定的不足，为了改善该系统和探索如何在低纬度地区建立满足高精度定位和提供多种信息服务的北斗增强服务系统，2013 年重庆市启动增强系统建设首期工程，覆盖重庆都市区。

3.1 建设的目的

（1）满足事后精密定位的需要。

① 联合国家 IGS 站维持我国永久性连续的动态参考框架。

② 升级现有重庆 CORS 站，保证各级测绘控制网的基准一致性。

③ 满足边坡监测、高楼监测等防灾减灾的应用需求。

（2）满足实时定位的需要。

北斗地基增强系统具有全天候、连续、精确、实时的定位、导航、授时、守时、全覆盖、且定位精度高的特点，建设它为物流、国土、测绘、气象、公安、农业、林业、水利、电力、工程建设等政府部门和各行各业提供实时定位，满足精确实时定位、导航及监控的需要。

3.2 建设规划方案

按照"政府主导、需求牵引、分建共享、持续发展"的原则进行实施，遵循"充分利用现有基础设施，统一规范、统一接口，多方参与，数据共享"的思路进行建设和维护。依据"避免重复建设""标准化建设与服务""稳健性运行""低成本长期运行"要求进行建设。完成原有 35 个 CORS 站的北斗地基站升级、1 个市级北斗地基增强系统控制中心、1 个数据中心、1 套数据的传输共享与分发的通信系统的建设。基准站分布范围见图 1。

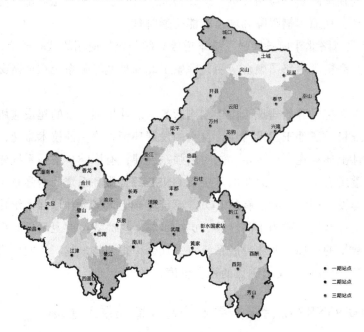

图 1　北斗增强系统基准站分布图

首期进行示范建设，目前已经完成"渝北""巴南""合川""长寿""东泉""长寿"等 6 个 CORS 站的北斗增强改造与升级，同时部署重庆市北斗地基增强系统软件系统平台，详细见图 2。

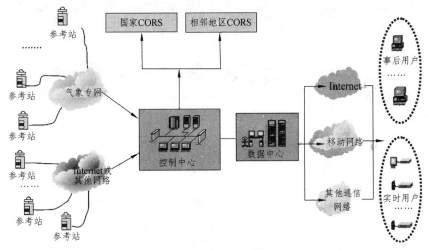

图 2　系统结构图

3.3　首期测试效果

首期示范项目 2013 年建设，为确保北斗增强系统的功能、效果和性能，我单位组织完成了系统的首期测试。

3.3.1　实时定位精度测试效果

通过在网络覆盖范围内布设 20 多个测试点，进行网络内和网络外实时定位测试，其精度见表 1，其效果满足城市测量规范要求。

表 1　实时定位精度统计表

类别	Mx/cm	My/cm	Mh/cm	Ms/cm
网内	0.70	0.69	1.54	0.98
网外	0.94	0.79	1.78	1.23

3.3.2　静态定位测试

选择重庆市高等级控制点，采用接收机接收 GPS 信号和北斗增强信号，并以不同时段长度比较 GPS、北斗增强系统的相同基线长度比较分析，分析静态定位测试精度，分析见图 4 与图 5。

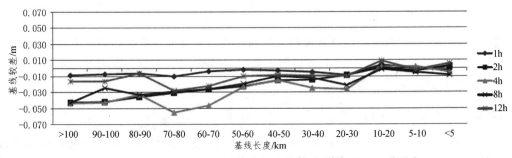

图 3　不同时段与 24 小时基线长度的较差（基于 GPS 信号）

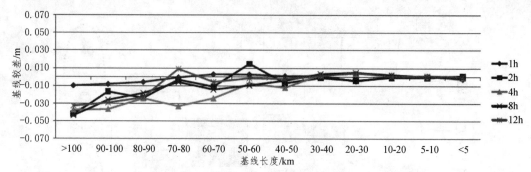

图4 不同时段与24小时基线长度的较差（基于北斗的增强信号）

上述图说明：对于 20 km 以内的基线，两种解算方式结果非常接近；不同时段基线长度无明显系统性差异；对于小于 70 km 的基线，GPS 与北斗增强系统解算结果一致。大于 70 km 基线，增强系统信号效果好于 GPS 单独的定位信号。

3.3.3 空间可用性测试

（1）网内差分均匀性。

网内各测试点差分计算的结果显示精度相当，且呈均匀分布。

（2）网外差分精度与距离相关性。

为了测试流动用户离开基站覆盖区域范围内部时进行差分定位的精度情况，选取网外 10~30 km 范围内 20 个测试点数据，对网外差分精度与距离相关性进行分析。绘制测试点差分定位标准差与距离的关系图（见图 5）。

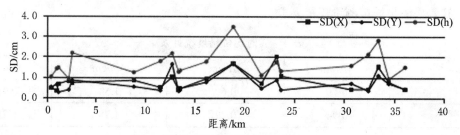

图5 网外测试点精度与距离关系图

从图中可以看出网外 10~30 km 范围内的差分定位精度与距离并无明显关系，呈现出一定的均匀性和稳定性，且对于不同距离的不同测试点其平面 X、平面 Y 和高程 h 方向的差分定位精度具有一定的一致。

3.3.4 时间可用性

通过 24 小时连续测试，统计观测历元数和有效历元数据计算有效性，平面精度有效率 98.7% 、高程有效率为 95.5%。这有效解决了重庆地区原 GPS 卫星分布的时间不均匀性，弥补卫星不足带来的服务滞后的问题。

3.3.5 系统定位服务时效性测试

统计流动用户端网络 RTK 测量时的初始化时间实现实效性测试，经统计初始化时间为 8 秒，网外 30 km 内为 15 秒，符合设计要求。

3.3.6 系统兼容性测试

经测试本系统支持 RTCM2.3、RTCM3.0 及 CMR/CMR + 中任何一种差分改正数据格式的数据分发服务，兼容各主要品牌 GNSS 接收机定位结果。

总体上，经过以上主要性能和功能测试，测试效果显示各项测试指标均达到示范项目的设计要求，这为后续的建设提供技术铺垫。

4 总 结

北斗卫星导航定位系统作为国家信息基础设施之一，是实现社会信息化的重要工具，也是国家科技水平和经济实力的象征，北斗卫星导航定位系统的建立确立了我国在卫星导航领域的国际地位。重庆在现有全市 GNSS 综合服务系统基础上通过基准站的升级改造、系统平台重新搭建完成了重庆北斗增强系统的首期建设，通过测试达到预期的目的。这为北斗增强系统建设探索出了一条技术路线，该方法是完全可行的。随着系统的不断完善，将充分发挥北斗增强系统的作用，为北斗卫星导航产业和应用市场提供良好的基础平台，同时为其他北斗增强系统建设提供借鉴。

参考文献

[1] 李征航，黄劲松. GPS 测量与数据处理[M]. 武汉：武汉大学出版社，2005.

[2] 戴宏发. 北斗导航系统的发展与应用刍议[J]. 科技信息，2010（19）.

[3] 陈新保. 北斗卫星导航系统民用市场建设的思考[J]. 中国航天，2010（1）.

[4] 李长江. 新思考：北斗导航卫星系统的发展与思考[J]. 卫星与网络，2010（6）.

[5] 徐永书. 数字重庆地理空间信息定位基准体系的建设[J]. 地理空间信息，2013（6）.

作者简介 夏定辉，男，重庆市地理信息中心，高工，主要从事 GNSS 测量数据处理及应用研究。E-mail：XDH@digitalcq.com

重庆似大地水准面精化建设与成果的应用分析

肖 勇　夏定辉　吴 寒

（重庆市地理信息中心，重庆 401120）

摘　要　似大地水准面精化作为现代测绘基准体系的重要组成部分，它的推广应用可改变传统高程测量模式。本文介绍重庆市似大地水准面精化建设情况，和通过实际工程检验精化成果的精度，为结合网络 RTK 的测量高程的应用打下基础。

关键词　重庆市 GNSS 综合服务系统　精化网　似大地水准面　高程异常　成果分析

1　概　述

重庆市于 2007 年启动了"数字重庆"地理空间信息定位基准建设项目。该项目由重庆市规划局主管、重庆市地理信息中心组织并承建，项目整体成果于 2012 年 4 月建成并投入使用[1]。重庆市似大地水准面精化和重庆市 GNSS 综合服务系统为该项目的重要内容。重庆市 GNSS 综合服务系统于 2010 年实现重庆全部覆盖与服务。全市似大地水准面精化项目是在 CQGNSS 基准框架下，建立了覆盖全市 8 万多平方千米的、高分辨率 $2.5' \times 2.5'$ 得市区精度 ± 1.6 cm、外围精度 ± 1.9 cm 的格网模型重庆市似大地水准面。

项目成果通过重庆市 GNSS 综合服务系统[2]提供的网络 RTK 服务来实现平面和高程的实时定位。为此展开基于重庆市 GNSS 综合服务系统的似大地水准面精化成果应用。为了进一步检验重庆市 GNSS 综合服务系统的服务水平和重庆市似大地水准面精化成果的具体应用效果，本文为此介绍大地水准面精化建设情况并以实例分析精化成果的效果，为更好地利用奠定基础。

2　重庆市似大地水准面建设

本大地水准面精化由骨架网和都市区的精化网组成，骨架网由二等水准网及支线组成[3]，主要解决各个区县的高程控制和 GPS 高等级测量，满足各个城市区域建设使用；都市区的精化网主要服务于重庆市主城都市区的建设，布设的点位较多。水准测量按二等观测纲要进行，采用单路线往返观测，跨河测段采用电磁波测距高程导线测量方法观测，观测所用仪器为徕卡和蔡司数字水准仪及条码式铟瓦标尺和光学水准仪配线条式铟瓦标尺，记录器用兰德 HT-2680；记录软件采用国家测绘局编制的"水准测量外业记录软件包"。

2.1　高程骨架网

骨架网布设二等水准网，二等水准观测采用往返观测方式，采用水准观测使用数字水准仪和条码式因瓦水准尺进行施测。水准路线见下图，新测水准路线与已有水准点连测或接测时，按国家规范要求进行了检测。共施测二等水准路线 9 条（283.2 km），二等水准联测 A 级 GPS 点 35 座、B 级 GPS 点 60 座、C 级 GPS 点 219 座。

全测区外业观测按照二等水准测量的规范作业，其最后共形成 35 条路线，路线闭合差统计见下表1。

表 1　水准路线闭合差统计表

路线闭合差 Δ	Δ≤1/2 限差	1/2 限差<Δ≤2/3 限差	限差 2/3<Δ<限差
路线数	24	4	7

水准数据概算用高差不符值计算了水准路线每千米水准测量偶然中误差；对不同等级构成的闭合环线、附合路线进行了闭合差计算。水准平差在国家第二期一等水准复测网控制下完成。联合平差以加过标尺长度误差改正、正常水准面不平行改正、重力异常改正后的观测高差为元素，距离定权，待定结点的正常高程为未知数进行平差。当结点平差高程及路线高差改正量计算完后，采用附合路线平差的方法推求平差路线中其他各水准点的高程。总处理二等水准网平差路线条数有 529，水准点总个数有 459，已知点总个数为 1，未知数总个数有 458。平差后单位权（每千米）中误差：0.79 mm；结点高程中误差最大（Ⅰ屏宜 85 基主）：±16.98 mm。精度统计表见表 2。

表 2　水准网精度统计　　　　　　　　　　　　　　　　　　mm

类　别	每千米偶然中误差	每千米全中误差	平差后每千米单位权中误差	最弱点中误差
二等水准网	0.33	0.43	0.79	±16.98 mm

2.2　都市区精化网

在都市区布设精化点 180 点，三等水准联测 900 km，重力加密点埋设标石约 1 132 点、观测 1 800 点，测区联测形成 184 条水准路线，其联测路线示意图如图 1。

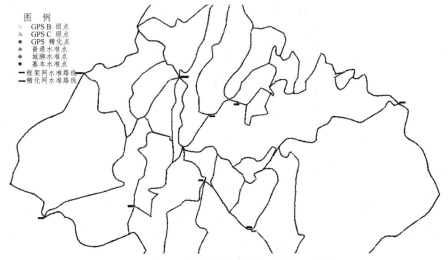

图 1　都市区精化点水准联测路线示意图

其路线闭合差精度统计情况见表3。

表3 路线闭合差统计表

路线闭合差 Δ	$\Delta \leq 1/2$ 限差	1/2 限差 $< \Delta \leq 2/3$ 限差	限差 2/3 $< \Delta <$ 限差
路线数	155	14	15

结合二等水准框架网水准路线，精化网水准路线形成26个闭合环，环闭合差精度统计见表4。

表4 环闭合差统计表

环闭合差 Δ	$W\Delta \leq 1/3$ 限差	1/3 限差 $< W\Delta \leq 1/2$ 限差
环个数	22	4

二等精化网水准连测的平差计算采用框架网1956国家高程平差计算成果作为起算数据，计算在1956国家高程基准下进行，采用清华三维Nasew软件进行计算。平差后最弱点高程中误差最大为±11 mm，满足规范二等水准测量精度要求。

2.3 数据处理

利用重庆都市区、周边地区的重力点成果、1:1万数字高程模型、全球重力场模型及分布较均匀的、现势性较好的 GPS/水准成果，采用重力法及移去-恢复技术进行重力大地水准面的计算，在预处理过程中进行841种重力大地水准面计算，同时对实测 GPS/水准的数据情况分析，充分利用GPS/水准数据对区域似大地水准面拟合的作用，分析比较了神经网络、最小二乘配置、薄板样条、移动曲面等多种模型的采用空点法检查拟合效果，效果如表5。

表5 拟合方法检验效果

方案	统计类型	空点残差	
		市区空点	外围空点
最小二乘配置	最大值/cm	3.2	4.3
	最小值/cm	− 3.5	− 3.3
	RMS/cm	± 1.6	± 2.1
自适应最小二乘配置	最大值/cm	3.3	4.1
	最小值/cm	− 3.5	− 2.9
	RMS/cm	± 1.6	± 2.0
移动曲面	最大值/cm	3.2	3.8
	最小值/cm	− 3.5	− 4.4
	RMS/cm	± 1.6	± 2.1
薄板样条	最大值/cm	3.2	3.4
	最小值/cm	− 3.6	− 3.0
	RMS/cm	± 1.6	± 1.9
BP 神经网络	最大值/cm	3.5	4.7
	最小值/cm	− 4.1	− 4.4
	RMS/cm	± 1.7	± 2.1

最终选取薄板样条函数拟合方法，作为最终采用的重庆市似大地水准面模型，形成 2.5′×2.5′格网模型似大地水准面，其市区空点法检验精度为 ±1.6 cm，外围空点法检验精度为 ±1.9 cm。并编制 2.5′×2.5′格网 1985 国家高程基准与 1956 年黄海高程系的内插软件进行应用。

3 基于重庆市似大地水准面成果的 GPS 应用分析

重庆市 GNSS 综合服务系统目前为全市各个地理信息应用单位提供平面和高程实时网络 RTK 服务，为检核效果，我们采用用户实际的外部工程效果反馈分析似大地水准面精化项目的成果质量。本文以永川大安测区工程为例进行分析，采用 GPS 静态观测和水准联测方式进行分析对比。

3.1 GPS 静态观测效果分析

测区面积 1576 平方千米，GPS 静态观测执行 GPS C 级网观测技术标准，采用 8 台 Topcon HiPer Ⅱ G 型双频接收机按边连式推进方式构网进行野外数据采集，90 min 同步连续静态观测，有效卫星高度角大于 15°、采样率 5S，整个测区共观测 15 个时段，平均重复设站数为 3.0。采集了 31 个 GPS 检测点。按照三等水准测量要求联测 Ⅱ 等水准点 Ⅱ 永李北 5、Ⅱ 邮永 2、B010、g014、g015、g113 等 6 个点，其联测示意图如图 2。

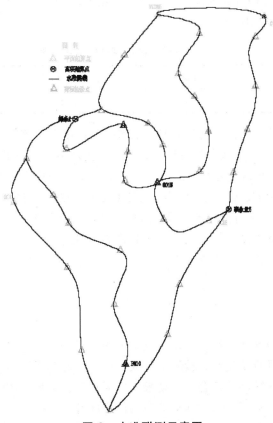

图 2 水准联测示意图

通过对控制网平差获取所有检查点的 CGCS2000 坐标，同时联测的三等水准网平差以获取检查点的三等高程，经解算其平面和高程成果二者均满足规范与项目设计要求。为检验似大地水准面精化效果，在数据处理时，根据检查点的 CGCS2000 坐标通过似大地水准面软件 $2.5' \times 2.5'$ 格网高程内插计算软件[3]，自动计算每个点位的 GPS 高程（即模型计算高程）。根据规范，由似大地水准面模型计算的各检测点 GPS 高程与其实测三等水准高程不符值计算的中误差，可视为似大地水准面的外符合高程检验精度。经统计联测高程和精化高程较差比较分析如表 6。

表 6　联测高程和精化高程较差统计表

测　区	最大值/cm	最小值/cm	中误差/cm
永川城镇区	4.5	−3.1	±1.8

3.2　网络 RTK 测量检验效果分析

采用三角支架架设天线，RTK 观测总测回数为 4 个，测回间对仪器重新进行初始化，采样率为 1S，每测回的自动观测个数大于 60 个，观测前设置的垂直收敛阈值不超过 3 cm。

通过对 RTK 获取具有高等级的高程控制点"Ⅱ永李北 5、Ⅱ邮永 2、B010、g014、g015、g113"的 CGCS2000 坐标，根据检查点的 CGCS2000 坐标采用重庆市基准体系建设的精化软件即 $2.5' \times 2.5'$ 格网高程内插计算软件计算各个点的精化成果。

经已知高程和精化高程比较分析如表 7。

表 7　已知高程和精化高程较差统计表

测　区	最大值/cm	最小值/cm	中误差/cm
永川城镇区	5.2	−4.3	±2.6

通过以上分析，由此检验出：重庆市似大地水准面精度在都市区外的精度通过网络 RTK 模式可以达到 ±0.026 m，似大地水准面精化成果是比较理想的，满足了精化预期的目标。

动态成果检测表明，在这些分布较广的检测点中，网络 RTK 高程与其水准高程的较差[4]没有超出相关规范规定的 6 cm 限差，可满足 CH/T 2009—2010 与足 CJJ/T 73—2010 规范规定的采用网络 RTK 高程代替等外水准、图根高程的技术指标要求，这为重庆市解决各类测绘工作的高程控制对于诸如外业一体化数字测图和摄影测量与遥感的图根测量、像片控制测量及碎部点数据采集等等提供了技术支撑。

4　结　语

本文对重庆市似大地水准面精化建设和成果应用进行阐述。按照静态和动态两种方式使用具体工程对精化成果进行了检验，检测精化成果的正确性和实用性。检测成果充分验证了似大地水准面成果的精化精度，符合设计要求，成果正确，成果实用性强。

（1）静态检验表明，重庆市似大地水准面的都市区外的外符合精度为 ±0.018 m。

（2）动态成果检验表明，网络 RTK 高程与其水准高程的较差没有超出相关规范规定的技术指标要求，满足 CJJ/T 73—2010 规范规定的采用网络 RTK 高程代替图根水准的技术指标要求，这为重庆市解决各类测绘工作的高程控制提供了基本技术保障，充分利用重庆市 GNSS 综合服务系统提供的网络 RTK 服务，解决测绘工程的平面、高程控制的实际问题如找点、观测、计算。为了更好地发挥似大地水准面精化的作用，在作业中，需要严格遵循观测条件和外业操作、规范技术要求，以期逐步解决其代替等级水准的可行性，拓展似大地水准面精化成果应用。

参考文献

[1]　重庆市规划局. 重庆市建成现代测绘基准[重庆市政府公众信息网]，http：//www.cq.gov.cn/zwgk/zfxx/401804.htm，2012.05.18

[2]　谢征海，王明权，等. "数字重庆"地理空间信息定位基准建设之 B、C 级 GPS 控制网布设技术设计书[R]. 重庆市地理信息中心，2008，2.

[3]　徐永书. "数字重庆"地理空间信息定位基准体系建设. 地理空间信息，2013，6.

[4]　王鸣霄，陶骏. 似大地水准面成果精度检测的研究[J]. 城市勘测，2010（2）.

作者简介　肖勇（1970—　），男，四川蓬安人，重庆市地理信息中心，高级工程师，现从事测绘与地理信息技术应用研究工作。

基于 FME Server 的地理国情信息整合发布技术研究

张溪　朱熙　谢艾伶

（国家测绘地理信息局重庆测绘院，重庆 400015）

摘　要　地理国情监测是新时期经济社会发展对测绘工作的新需求、新要求，是测绘地理信息部门的重要职责和战略任务。本文以 FME Server、ArcGIS、Flex、 ENVI for ArcGIS 作为技术手段，基于试点应用项目，开展了地理国情信息的分析整合研究、变化检测研究以及统计分析与发布展示等研究，有望为今后地理国情监测项目的顺利开展提供可行性方案和技术保障。

关键词　地理国情监测　FME Server　信息整合　变化检测　发布

1　引　言

全国范围内的地理国情普查正在如火如荼进行中，但后期监测以及监测成果的信息发布还存在很多需要解决的问题，其中一个重要的问题就是技术流程和技术方法的确定。因此开展多源异构地理国情信息提取整合发布关键技术研究，形成科学的地理国情技术手段和作业方法，为地理国情监测任务的完成提供技术路线方面的探索显得极其重要。

2　研究概述

2.1　概　述

地理国情监测涉及多源数据整合、海量数据处理，以及信息快速发布等关键技术指标[1]，这些关键技术具体方案目前国内还没有一个统一的解决方案，目前单一 GIS 平台、遥感处理平台都无法完全满足要求。FME Server 除了具有 FME 单机版强大的数据转换和处理功能外，还具有支持海量数据的处理 、交互式的开发界面、快捷的在线共享的数据发布等优势[2]，适合作为多源异构地理国情信息提取整合发布的平台与技术支撑。

2.2　主要研究目标

本研究以 FME Server、ArcGIS、Flex、 ENVI for ArcGIS 作为技术手段，通过基于 FME Server 的多源异构地理国情信息的分析整合研究、基于交叉相关分析法和变化向量分析法的影像变化检测研究、地理国情监测信息统计分析与发布展示技术研究等，总结一整套基于

FME Server 的地理国情信息提取、整合、发布等关键技术流程方案，完成万州中心城区城镇化监测的应用试点项目，并积累地理国情监测应用经验，有望为今后地理国情监测项目的顺利开展提供可行性方案和技术保障。

3 关键技术及其实现途径

3.1 总体技术路线

采用万州基础地理信息数据、专题数据以及多源多时相遥感数据作为数据源，以 FME Server、ArcGIS 等作为技术手段，通过技术方法试验、集成式系统平台建设、监测试点应用等工作，为开拓地理国情监测项目服务，总结一整套地理国情监测技术模式并积累相关经验。技术路线如图 1。

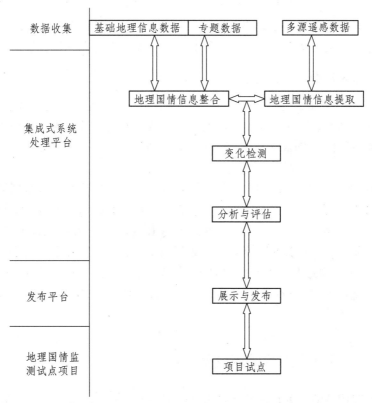

图 1 总体技术路线图

3.2 关键技术及其实现途径

3.2.1 基于 FME Server 的国情信息提取整合平台构建技术

创建 FME 方案，对不同来源的基础地理信息数据和各式各样的专题数据进行数据源分析、数据预处理工作；在 FME Server 后台调用 FME 方案实现多源基础地理信息数据和专题数据等海量数据的数据转换整合、数据入库、数据共享展示，地理国情信息整合的快速处理。

涉及的关键技术有 Java servlet、Flex、FME Server 等。具体实现过程：

（1）前台用户上传数据后，选择已发布到 FME Server 上的 FME 方案进行处理，平台利用 Java servlet 接收前台 Flex 上传的数据保存至服务器。

（2）后台获取调用 FME 方案的参数（上传路径、FME 方案名称、其他特殊参数）；通过 FME Server Api for java 调用 FME 方案，对上传数据进行预处理、对数据进行入库操作。

（3）使用 BlazeDS 工具与前台进行交互，获取前台传递信息、传递信息至前台。执行完成后，Java 操作 CMD 命令行使用 WINRAR 对结果进行压缩打包，返回结果数据下载地址至前台，提供前台用户下载结果。此外还可实现连接数据库读取数据等操作。

3.2.2 基于交叉相关分析法和变化向量分析法的变化检测技术

考虑到变化检测所用数据源不同，本研究选取了交叉相关分析法和基于主成分变换的变化向量分析法两种方法，分别是针对矢量对影像的变化检测和不同年份时相的影像间的变化检测。

本部分变化检测的实现是基于 ENVI/IDL 二次开发模式，实现影像、矢量的读取，变化向量分析法和交叉相关分析法变化检测算法，并将变化区域结果存储为 ArcGIS 的 shp 格式。然后掩膜获取变化区域影像，通过监督分类程序对其地物进行类别的判定。

3.2.3 基于 FME Server 集成式系统平台构建技术

基于 FME Server 集成式系统平台包括时空数据库和业务运行系统及信息发布平台建设。

时空数据库包括本底数据库和监测数据库，分为矢量要素数据集和栅格数据集两部分设计内容，通过关系数据库 Oracle 和 ArcSDE 引擎相结合的技术，可以集中统一存储管理空间数据和属性数据。

业务支撑系统构架主要由应用层、服务层和数据层三部分构成。应用层通过 Flex 实现，主要用于客户端各功能模块的界面操作，如变化检测结果的展示及下载，统计分析的结果展示等；服务层依托于 FME Server、ArcGIS Server 与 ENVI for ArcGIS Server 技术，FME Server 用于管理 FME 方案，实现数据转换整合、数据入库、数据共享展示、数据的统计分析等；ArcGIS Server 用于实现地图服务与影像服务功能以及服务发布等；ENVI for ArcGIS Server 技术用于实现变化检测；数据库管理层采用基于 Oracle 和 ArcSDE 的一体化存储方式管理矢量和影像数据。

4 城镇化建设进程监测试点应用

目前基于地理国情监测的城镇化已经开展了较多研究[3-8]，本文基于 FME Server 集成式平台，开展城镇化进程监测的试点研究，为重点区域地理国情监测提供了一定的示范作用。

4.1 数据源选取

4.1.1 影像数据

选取包含万州区中心城区的 2003 年 15 m 分辨率 ETM 影像和 2012 年 5 m 分辨率的 Rapideye 影像，时相以秋季为主。该部分数据作为万州中心城区边界变化检测的数据源。

4.1.2 矢量数据

以覆盖万州区中心城区的基础测绘成果数字化地形图为数据源，包括 1：2 000 dwg 格式的 DLG 成果，坐标系统为万州独立坐标系，1：10 000 dgn 格式的 DLG 成果，其坐标系统为西安 1980 的 3°带坐标系，DLG 成果数据的生产时间为 2003 年。该部分数据作为早期时相主要土地利用类型的数据源。结合 2012 年高分辨率影像提取的主要土地利用类型数据，可获取万州中心城区土地利用变化情况。

4.2 技术路线

试点项目是以万州中心城区城镇化建设进程监测为例，依托数字万州地理空间框架地理信息公共服务平台，在基于 FME Server 的集成式系统平台搭建的基础上进行设计的。系统的构建以数据收集，确定数据源为基础，数据处理分析功能和业务支撑系统的建设同步进行，最后基于本地数据库和监测数据库，发布和展示监测成果，完成城镇化建设进程监测的试点应用。

城镇化建设进程监测试点应用系统技术路线如图 2 所示。

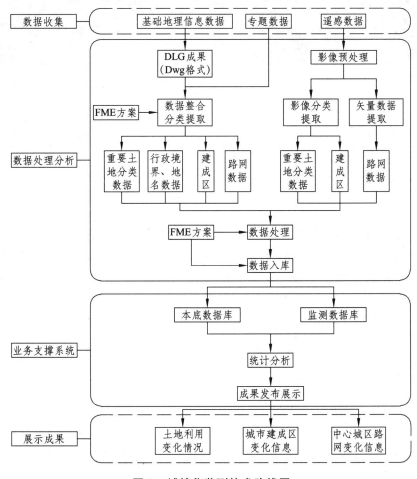

图 2 城镇化监测技术路线图

4.3 功能实现及监测结果

平台主要实现五个主要功能：数据提取整合、土地利用监测、城市建成区监测、城市路网监测、专题统计。如图 3 所示。

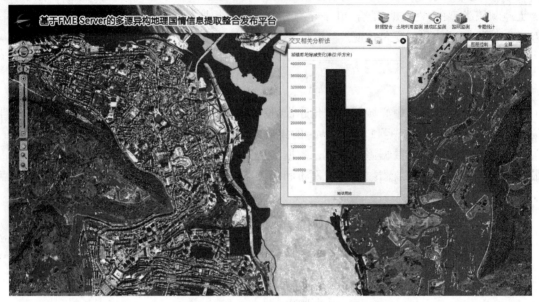

图 3　集成化平台示意图

4.3.1　数据提取整合

结合城镇化监测内容及收集数据实际情况，主要处理 2003 年土地利用类型的 DWG 数据，处理后的矢量数据作为变化检测的第一期数据源；2003 年规划数据中的路网数据，处理后的矢量数据作为道路变化检测的第一期数据源。

4.3.2　土地利用监测

通过对两期城镇用地、植被、水系和道路等重要土地利用分类要素的对比分析，展示万州中心城区近十年来土地利用变化情况，并进行统计分析，获得变化的统计图表和监测报告。变化情况如下，2000 年至 2012 年，城镇用地增加了 37%，植被减少了 27%，水系减少了 10%。

4.3.3　城市建成区监测

该模块利用不同时相的两景影像数据对城市建成区进行对比，使用闪烁、卷帘等方式展示建成区的面积变化以及边界的变化情况，并且使用统计图表对增加、减少的图斑面积进行直观展示。变化情况如下，中心建成区增加了 20%。

4.3.4　城市路网监测

该模块利用不同时相的两景影像数据的城区内的交通路网数据进行统计分析，利用统计图表展示交通路网的布局发展、道路的长度、路网密度等指标的变化信息。变化情况如下，路网密度增加了 12%。

4.3.5 专题统计

该模块利用获得城市扩张的各项发展变化信息，包括重要土地利用类型的变化、中心城区的建成区变化、交通路网的布局发展、道路的长度、路网密度变化，结合基于行政区划单元划分进行统计分析的人口、经济方面等变化信息，综合分析城市扩张时空特征，预测城市扩张方向、规模和趋势等。城市整体扩张趋势呈东南方向。

5 结 语

本项目对地理国情信息提取整合的研究，实现了基础地理信息及专题数据的提取整合，同时搭建了基于 FME Server 的 B/S 结构的国情信息提取整合子系统，实现地理国情信息整合的处理快速化、操作简单化、工艺流程化。利用变化检测程序可实现重要要素的快速监测，使今后开展批量地理国情变化信息的生产成为可能，有利于提高地理国情信息项目生产的效率。同时以试点项目为依托，实现了地理国情信息提取整合、变化信息发现、地理国情信息统计及展示、成果发布等功能的集成，对今后地理国情监测项目的顺利开展，具有一定的推动作用。

参考文献

[1] 武琛. 地理国情监测内容分类与指标体系构建方法研究[D]. 泰安：山东农业大学，2012.

[2] FME 技术白皮书. 北京世纪安图数码科技发展有限责任公司.

[3] 孙俊良. 地理国情监测框架的探索与实践——以城镇建设进程监测系统为例[J]. 测绘通报，2012，（8）：62-64.

[4] 冉慧，王铮，王晓辉. 基于遥感技术的长春市城区城镇化动态监测研究与实践[J]. 测绘与空间地理信息，2013，36（3）：125-128.

[5] 周旭斌，孟蕾. 地理国情监测在城市化发展中的应用研究——以汕头市为例[J]. 测绘与空间地理信息，2014，37（6）：78-80.

[6] 彭彦彦，杨瑞霞，陈盼盼，等. 郑汴一体化区域城市建成区重要地理国情要素动态监测[J]. 遥感信息，2014，29（4）：41-46.

[7] 景普秋. 省域特色城镇化统计监测评价指标体系研究——以山西省为例[J]. 城市发展研究，2011，24（8）：78-80.

[8] 唐根，陈铸. 基于地理国情监测框架下长沙市望城区地理空间分析[J]. 国土资源导刊，2014（10）：129-132.

国家测绘地理信息局 2012 年基础测绘科技项目"基于 FME Server 的多源异构地理国情信息提取整合发布关键技术研究"资助。

第一作者 张溪（1985— ），男，河北承德人，工程师，博士，生态遥感专业，国家测绘地理信息局重庆测绘院，主要从事地理国情监测、信息化测绘体系建设等实施工作。

面向地理国情普查的快速 DOM 生产方法

魏永强　齐东兰

（国家测绘地理信息局重庆测绘院，重庆 400015）

摘　要　根据地理国情普查数字正射影像生产的需要，分析了 GXL、CIPS、FME 的系统特性。利用各自优势，研究了批量、自动化处理高分辨率遥感卫星影像的关键技术和流程，为国情普查与监测中大规模、快速生产数字正射影像提供了一套可行、完整且实用的解决方案。最后，通过在实际生产中的应用，表明该解决方案是可靠的、高效的，能够在地里国情影像生产中发挥巨大作用。

关键词　地理国情普查　数字正射影像　GXL

1　引　言

为适应社会经济发展、国防建设和科学管理需要，更好地反映我国各类地理环境要素的分布与关系，国务院决定开展全国范围内的地理国情普查工作。根据项目安排，主要完成普查数字正射影像生产、数据采集、外业核查、数据库建设等工作。

数字正射影像数据是地理国情普查中主要的调查数据源，同时也是普查成果数据的重要组成部分。传统的数字正射影生产中存在质量差、效率低下等问题。如何大规模、快速获得高质量的数字正射影像成为地理国情普查以及后续的监测数据更新亟待解决的重要问题。本文以第一次国情普查实际生产为例，探讨了快速获取数字正射成果影像的关键技术流程和作业方法，验证了该方法的可行性和可靠性。

2　系统特性

PCI GXL 是 PCI 公司面向海量遥感影像自动化处理推出的强大工作生产平台。该平台取得了常见商业应用卫星（如 WorldView-I/II、GeoEye-I/II、ZY-3 等）的各项传感器参数以及飞行轨道参数，能够支持严格的卫星轨道模型，可以取得高质量的正射纠正成果。优势体现在其集群式海量快速采集控制点、非常规区域网平差法完成正射纠正，因此可大大缩短工作时间，减轻劳动强度。

CIPS 是一套构建在网格计算环境下的设备，该系统的影像匀色模块功能强大，效果良好，CIPS 的智能匀色模块支持批量数据按照统一模板进行匀色[1]。不仅解决了不同影像间的数据色彩上的差异，同时也解决了同一影像内部由于摄影条件及中心投影等原因造成的色彩差异，该特性与国情普查成果影像的色调要求契合。

FME 是 Safe Software 公司推出的空间数据转换处理系统。该系统基于 OpenGIS 组织提出的新的数据转换理念"语义转换"，通过提供在转换过程中重新构造数据的功能，实现了超过 100 种不同空间数据格式（模型）之间的相互转换[2]。同时 FME 提供大量的封装好的函数库，方便易用。FME 的通用性与易用性和地理国情普查的数据多样性形成完美的契合。

3 实际生产应用

3.1 实验区概况

实验区位于我国西藏自治区东南部。地形以山地、高山地为主，总地势西北部高，东南部低，地貌复杂。影像主要包括 WorldView-I/II、GeoEye-I/II、ZY-3 等多种数据源，部分存在有云雾、雪覆盖的现象，对影像处理和成果质量造成不利影响。

3.2 生产流程及关键技术

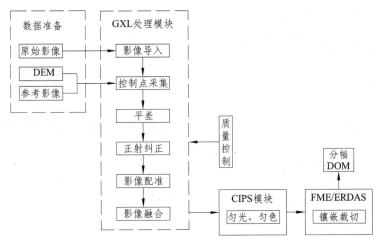

图 1　生产技术流程图

（1）资料分析、工作区建立。

分析生产区域的卫星影像覆盖情况、质量以及现势性，选择出参与生产的具体卫星影像。将该区域的历史 DEM 拼接成一个整体，将历史数据转换格式并标准化投影。最后建立工作区，将准备好的数据分门别类存放到对应工作区文件中。

（2）导入原始影像。

经过导入处理，读取了原始影像数据的星历参数等信息，同时把格式转换为内部形式，对数据予以存储。系统能够自动识别常用商业卫星的传感器类型。

（3）获取控制点。

以历史数字正射影像作为参考影像，在原始影像导入后，将参考影像与导入影像叠加，计算同名特征点的坐标漂移距离，获得搜索距离参数，进而完成控制点和加密点的采集工作。实验得到的经验值为：拒绝方式选择残差，大小按照成图精度要求来确定。最小得分取70% ~ 75%。

（4）影像间平差。

通过采集生产区域内整景影像之间的同名点，结合上步获取的控制点，进行平差结算。做此步的目的是消除接边差值。实验获取的经验值为：搜索半径设置为 300，最小分值 0.5 较为合适。半径过小会降低作业效率，过大则不能保证精度。

（5）正射校正。

经过平差解算后，系统批量自动完成工作区内的卫星全色影像和多光谱影像的正射校正处理。此模块中地图投影参数需要根据测区情况设置，分辨率大小按照规定输出，重采样类型一般选择立方卷积模式。

（6）影像配准、融合。

校正后的全色和多光谱影像会有一定的套合误差，因此，我们要以校正好的全色影像作为控制资料，选取同名点对多光谱影像进行配准。使用 Pansharpen 融合与影像增强组合模块进行影像融合处理，使得生成的正射影像色彩自然，层次丰富，反差适中。

（7）匀光、匀色处理。

由于某些地区是多时相影像覆盖的，存在比较大的色彩差异，即使时相接近，由于拍摄角度等影响，整体色调效果也会不好，因此在镶嵌分幅裁切之前需要进行匀色、匀光处理。首先，要在测区内选择一幅色彩自然、地物要素清晰、色调均衡的影像制作成匀色模板，然后利用智能匀色模块对整个测区的影像进行统一化匀光、匀色处理。

（8）镶嵌裁切。

整景数据处理完成后，按照规范标准，使用 FME 的函数库，定制符合国情监测影像外扩要求的图幅框，并对数据格式进行统一转换。最后利用 Erdas 平台的 MosaicPro 模块，对第 7 步中生成的整景影像进行镶嵌分幅裁切，得到分幅数字正射影像。

4 结果展示分析

利用本文方案对实验区进行了实际生产实验，本节选取地物要素丰富具备代表性的一幅 2.5 万图幅作为示例展示。该图幅覆盖区内为两景 WorldView-II 高分影像，多光谱分辨率 2 m，全色分辨率 0.5 m。时相为：2011 年 12 月和 2012 年 01 月。

（a）多光谱影像　　　　　　　　　　　（b）全色影像

图 2　原始影像

（a）多光谱影像

（b）全色影像

图 3　纠正后影像

图 2 是原始 WorldView-II 高分影像，为 3×3 的分块影像。图 3 为正射纠正后的整景影像。通过将结果与控制资料叠加对比，选取特征点计算整景影像的中误差和最大误差以及相邻影像的接边差评价影像精度，点位图如图 4 所示，精度统计如表 3-1 所示。根据《GDPJ 05-2013 数字正射影像生产技术规定》和《地监函〔2013〕26 号-关于补充说明西部地区地理国情普查 DOM 生产有关问题的通知》，本区域原则上按照 1∶5 万成图精度生产，对调绘可到达区域按照 1∶2.5 万成图精度生产[3]。通过计算，整个实验区内影像均满足规定成图精度。

（a）整景精度检查点位图

（b）接边差点位图

图 4　精度检查点位图

表 1　影像点位精度统计表

景号	总点数	中误差	最大误差
左景	12	3.12	5.61
右景	12	3.59	7.49
左景&右景	10	3.67	5.91

图 5 为裁切后的分幅正射影像。可看出，地物清晰，色彩明亮，反差适中，色调均衡。符合国情监测对数字正射影像的质量要求。

图 5　处理后的分幅正射影像

5　结　语

通过生产性试验，以 GXL 的分布式多线程计算、自动化影像纠正模块为基础，结合 CIPS 强大的影像匀光、匀色功能，辅以 FME 的数据转换功能，形成的快速生产正射影像的解决方案是可靠的、高效的，与传统正射影像生产方法比较，提高了数据的处理速度和效率，缩短了影像处理工作周期，降低了生产劳动成本，为数字正射影像的快速生产提供了很好的技术支持，在地理国情普查项目正射影像生产中，能够发挥巨大作用。

参考文献

[1]　北京吉威时代软件技术有限公司. 集群式影像处理系统（Geoway CIPS）产品白皮书[Z]. 北京：北京吉威时代软件技术有限公司，2011.

[2]　李刚，朱庆杰，张秀彦，等. 基于 FME 的城市基础空间数据格式转换[J]. 测绘通报，2006（6）：17-20.

[3]　国务院第一次全国地理国情普查领导小组办公室. GD-PJ05-2013 第一次全国地理国情普查数字正射影像生产技术规定[G]. 北京：国务院第一次全国地理国情普查领导小组办公室，2013.

[4]　林跃春，王睿. 浅谈数字正射影像的制作技巧与心得[J]. 测绘与空间地理信息，2011（1）：109-111.

[5]　张永生，巩丹超. 高分辨率遥感卫星应用[M]. 北京：科学出版社，2004.

[6]　景耀全. DEM 精度对高分辨率卫星影像纠正的影响[J]. 测绘，2011，34（2）：70-73.

[7]　高炳浩. 高分辨率遥感影像纠正处理[J]. 测绘与空间地理信息，2009，32（1）：161-162.

[8]　方剑强. 生产数字正射影像图（DOM）的若干技术问题探讨[J]. 测绘与空间地理信息，2007，30（3）：91-93.

第一作者　魏永强（1987—　），男，陕西凤翔人，助理工程师，硕士，2012 年毕业于武汉大学遥感信息工程学院，主要从事遥感数据处理与研发应用工作。

SAR 卫星遥感制图空间分辨率与成图比例尺关系分析[①]

丁洪富[1, 2]　黎 力[1, 2]

（1. 重庆市国土资源和房屋勘测规划院　重庆 400020；

2. 国家遥感应用工程技术研究中心重庆研究中心　重庆 400020）

摘　要　研究了遥感影像制图空间分辨率与成图比例尺的关系，并从测绘制图的角度折算出了不同比例尺制图所需的空间分辨率大小。探讨了 SAR 卫星遥感制图的流程，并通过对 Radarsat-2 单极化影像以及融合后影像的制图试验，确定了两种影像可成图的合理比例尺。

关键词　SAR　成图比例尺　遥感制图

1　引　言

近年来，随着卫星种类及分辨率（时间分辨率、空间分辨率、辐射分辨率）的提高，遥感影像地图制图的应用日趋普遍。其优点主要有以下三方面：一是影像覆盖范围大，为短时间内进行大范围的中小比例尺制图提供了可能；二是信息的时效性强，大大提高了地图资料的现势性；三是作业效率大幅提高，利用遥感影像进行制图效率更高、成本更低[1, 2]。

在遥感制图实际应用中，选用适宜的遥感影像空间分辨率十分重要，这关系到成图比例尺的大小以及地物信息的丰富程度。特别是利用 SAR 卫星遥感影像进行成图，因其特殊的成像方式及影像特性，如何确定影像空间分辨率与成图比例尺之间的关系，对利用 SAR 卫星影像进行遥感制图有着重要的意义。

2　影像分辨率与成图比例尺的关系

利用遥感影像进行专题制图时，需要考虑两个因素：一是成图的比例尺需求。二是遥感影像中最小地物的尺度，即空间分辨率。

2.1　成图比例尺的定义

成图比例尺是指图上距离与实地距离之间的比例，一般用 $1/M$ 来表示。我国常用的地形比例尺有 1∶1 000 000、1∶500 000、1∶250 000、1∶100 000、1∶50 000、1∶25 000、1∶10 000、1∶5 000、1∶2 000、1∶1 000、1∶500 共计 11 种。

———————————

项目来源：重庆市国土资源和房屋科技计划项目（[2011]01）

2.2 影像分辨率与成图比例尺之间的关系分析

成图比例尺的大小通常与人的视觉分辨率息息相关。人的视觉分辨率是指人眼明视距离（常界定在 25 cm）能分辨的空间两点之间的最短距离。一般认为，人对纸质图件目视分辨率通常为 0.07～0.1 mm[3]。也就是说，当影像空间分辨率按照成图比例尺折算后达到或小于图上 0.1 mm 时，才能保证利用该遥感数据的制图精度；而更新图件的精度可以放宽到 0.2 mm。因此，遥感数据的分辨率决定了其成图比例尺的大小。根据上述分析，可得到成图比例尺与空间分辨率的关系公式为：

$$\lambda = \theta /(1/ M) \qquad (1)$$

其中 λ 为成图比例尺的精度，通常取 0.1～0.2 mm（人眼视觉分辨率）所对应的实地水平距离；$1/M$ 为成图比例尺；θ 为人眼视觉分辨率，其一般取值为 0.1～0.2 mm，遥感制图中 θ 值一般取 0.1 mm。

进行遥感制图时，遥感影像空间分辨率 η 应不低于成图比例尺的精度，即：

$$\eta \leqslant \lambda = \theta /(1/ M) \qquad (2)$$

表 1　主要成图比例尺对应遥感影像空间分辨率

比例尺所需空间分辨率	1：2 000 /m	1：5 000 /m	1：10 000 /m	1：25 000 /m
取值 0.1 mm	0.25	0.5	1	2.5
取值 0.2 mm	0.5	1	2	5

因此，理论上 10 m 分辨率数据可用于 1：100 000 图件的成图，1：50 000 图件的更新；5 m 分辨率的数据可用于 1：50 000 图件的成图，1：25 000 图件的更新；1 m 分辨率的数据可用于 1：10 000 图件的成图，1：5 000 图件的更新。

3　SAR 影像数据处理流程

与被动式光学遥感卫星不同，SAR 遥感卫星是一种主动式遥感，它是通过接收自身向地面发射的微波信息的后向发射信号，组成亮度加相位的雷达记录。其成像方式、影像特征与传统光学数据有很大的不同。SAR 图像的制图过程可以分为两个部分：一是 SAR 图像的地理编码；二是 SAR 图像的地图概括[4]。

3.1　SAR 影像的地理编码过程

从成像方式而言，SAR 卫星影像并没有地理信息的显示。而且，由于多种原因，SAR 影像与真实地物成像之间存在扭曲和畸变。因此，SAR 影像制图的先决条件是建立 SAR 图像与地理位置之间以及地理位置与平面投影网格之间的数学关系，并对 SAR 影像本身进行几何校正。这个过程称为 SAR 影像的地理编码。从这个角度来看，SAR 影像的地理编码过程主要完成 SAR 数据的成像、定位、地图投影、几何校正、去噪等步骤，从而建立 SAR 影像与地理坐标之间的对应关系，为 SAR 影像制图做准备。

此外，为最大程度地增大 SAR 影像本身的地物表达信息，往往利用光谱影像与 SAR 影像进行融合。后的影像不仅较好地保留了多光谱图像的光谱特性，同时又能很好地保持 SAR 图像的高空间分辨率和较强立体感的特性，从而有效增加了 SAR 影像的地物可判别度。

3.2 SAR 影像的地图概括与标注

地图的概括主要是对图像的内容进行选取、概括和删减，根据制图的需要突出表现地图上具有代表意义的内容，以便更明显地反映制图对象空间分布的主要特征。对 SAR 影像制图来说，其目的主要是突出反映图像的细节。因此，为了尽可能地保留图像中的细节信息，在地图概括过程中，主要应对突出的地物特征进行标注，实现制图过程。

4 试验分析

本文试验影像选用 Radarsat-2 的 SGF 产品，HH 单极化，空间分辨率为 1.562 5 m，覆盖范围为重庆市主城核心区范围。

4.1 影像预处理

雷达影像的预处理工作，主要包括了影像去躁、影像纠正、影像配准等工作。影像纠正采用 PCI 软件中的 Radarsat-2 模块进行了正射纠正。影像去噪采用了 Lee-Sigma 滤波算法、滤波窗口为 3×3 去噪[5]，能够有效地去除噪声，并保留大部分的影像信息。同时，为提高影像的地物可识别度，利用北京一号的多光谱影像（绿光、红光、近红外三个波段，分辨率为 32 m）和试验影像进行了基于 Brovey 变换法的影像融合处理。

4.2 成图比例尺试验

从成图比例尺折算公式（2）可知，本次试验的 Radarsat-2 影像可成图比例尺最大可达 1∶20 000。利用 ARCGIS 对比例尺进行设定成图，并叠加了区域内路网信息，对 RADARSAT-2 单极化影像进行成图评价。如图 1 所示，比例尺设置为 1∶25 000 时，成图图面中建筑物边界开始逐渐模糊；至 1∶20 000 时，图面有明显的噪声信息，难以达到成图清晰度的要求。其制图最大比例尺，为 1∶25 000。

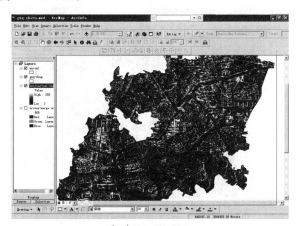

（a）1∶25 000

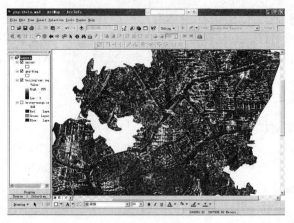

（b）1∶20 000

图1　Radarsat-2 单极化影像成图比例尺评价

　　基于上面的方法，对与北京一号多光谱影像融合后的 RADARSAT-2 卫星影像进行成图比例尺能力评价。比例尺分别设置成 1∶10 000，1∶20 000，1∶25 000，1∶50 000 四种情况，如图2所示。

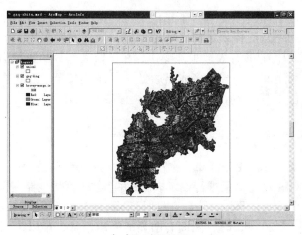

（a）1∶50 000

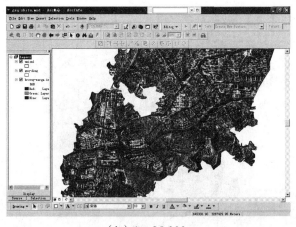

（b）1∶25 000

测巴渝山水　绘桑梓宏图

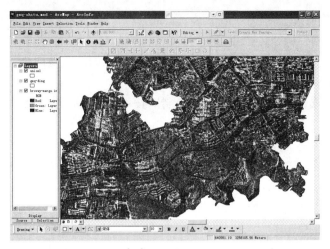

（c）1∶20 000

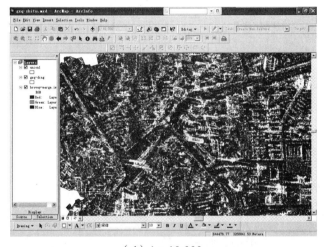

（d）1∶10 000

图 2　融合后影像成图比例尺评价试验

从上图可以发现，与多光谱影像融合后的 RADARSAT-2 影像，成图范围内的建筑物逐渐模糊，但仍勉强可以达到成图图面的要求。当成图比例尺达到 1∶1 万时，图面有明显的噪声信息呈现，已经不符合制图的清晰度要求。影像成图比例尺最大可达 1∶20 000。

5　结束语

（1）将不同时相的 Radarsat-2 影像与光学影像进行融合处理，能够大幅提高 SAR 影像的地物可识别度。

（2）通过对融合后影像和 RADARSAT-2 单极化影像、设置不同比例尺进行成图比较可以发现：直接利用 RADARSAT-2 单极化影像进行成图，比例尺最大可达到 1∶25 000。而利用多光谱影像进行融合处理后，RADARSAT-2 单极化影像质量得以改善，识别度提高，其成图比例尺最大可以达到 1∶20 000。

参考文献

[1]   孙成忠，李成名，洪志刚. 基于卫星遥感影像的城市地图快速更新技术[J].测绘通报，2002（12）.

[2]   王建敏，黄旭东，于欢，等，遥感制图技术的现状及趋势探讨[J].矿山测量，2007，3（1）：38-40.

[3]   李书凯. 遥感时空信息集成技术及其应用[M]. 北京：科学出版社，2003.

[4]   刘秀芳，刘佳音，洪文. 星载SAR图像的影像制图应用初探[J]. 雷达科学与技术，2004，1（6）：360-363.

[5]   韩春明，郭华东，等.SAR图像斑点噪声抑制的本质[J]. 遥感学报，2002，6（6）：470-474.

[6]   2006年度土地利用动态遥感监测项目技术方案[S]. 国土资源地籍管理司，2006.

作者简介 丁洪富（1974—   ），男，高级工程师，主要从事土地房屋勘测研究。

重庆市国土资源 GNSS 网络信息系统基准站网 数据质量分析关键技术研究

马泽忠[1,2] 杨凯[1,2]

（1. 重庆市国土资源和房屋勘测规划院，重庆 400020
2. 国家遥感应用工程技术研究中心重庆研究中心，重庆 400020）

摘　要　基准站观测数据的质量是影响连续运行参考站系统（CORS）能否正常、稳定运行的关键因素之一。对于已建成的 CORS 系统，仍有必要定期对基准站数据质量进行分析监测。本文选取重庆市国土资源 GNSS 网络信息系统（CQGNIS）基准站网的实际观测数据，分别利用 TEQC 和 GAMIT 软件对 CQGNIS 单基准站和全网数据质量进行分析研究，论证并给出了 CQGNIS 基准站的当前总体数据质量情况。

关键词　CORS　重庆市国土资源 GNSS 网络信息系统　数据质量　TEQC　GAMIT

1　引　言

重庆市国土资源 GNSS 网络信息系统（以下简称 CQGNIS）是一个高精度、高时空分辨率的连续运行卫星导航综合信息服务网。由重庆市国土资源和房屋管理局按照与国土资源部科技与国际合作司签订的《共同推进重庆市统筹城乡综合配套改革国土资源科技创新与对外合作意向书》及重庆市国土房管信息化工作的总体要求，于 2010 年启动系统建设，历时近 1 年，全面完成了包括 25 个连续运行的高精度 GNSS 基准站、数据处理中心、通信网络系统、分发服务中心等组成的连续运行参考站系统（CORS）。2011 年 5 月 29 日，CQGNIS 通过了由宁津生院士、许其凤院士、郑颖人院士等人组成的专家组的验收和鉴定。专家组一致认为，本项目成果理论严密，技术先进，方法科学，具有较强的创新性，整体达到了国际先进水平[1]。

其中，基准站子系统作为 CQGNIS 的重要组成部分，其观测数据是系统区域误差模型构建、误差改正数计算等系统关键技术的直接来源。因此，基准站数据的质量直接影响着 CQGNIS 的正常、稳定运行。虽然在系统建设时，已对基准站的观测条件、地质环境和维护条件等进行了深入、细致的调查研究，但随着 CQGNIS 的持续运行，基准站周边环境也在不断发生变化。特别是以 CQGNIS 为代表的省/市级 CORS，其基准站大部分位于建筑物顶层，受周边环境变化较为敏感。因此，在 CQGNIS 建成后，仍需定期对基准站数据质量进行分析监测，以保证 CQGNIS 的长期、稳定、连续运行。

基于上述原因，本文选取重庆市国土资源 GNSS 网络信息系统基准站网的实际观测数据，分别利用 TEQC、GAMIT 等国际知名 GNSS 数据处理分析软件对 CQGNIS 单基准站和全网数据质量进行处理并分析研究，论证并给出 CQGNIS 基准站的当前总体数据质量情况。

2　单基准站观测数据质量分析

为评价 CQGNIS 基准站数据质量，首先需要对单个基准站的实际观测数据质量加以评定。TEQC（Translation，Editing and Quality Checking）软件是一款简单易用、功能强大的 GNSS 数据预处理软件，由 UNAVCO Facility（美国卫星导航系统与地壳形变观测研究大学联合体）研制，可对 GNSS 数据进行格式转换、文件编辑和质量检核[2]。

TEQC 软件的质量检核模块主要是以伪距和载波相位观测值的线性组合对 GNSS 观测数据进行检核。命令运行如下所示：

teqc + qc bish0470.13o

其中，bish0470.13o 为 RINEX 格式的观测数据文件名，应根据实际需要进行更换。运行后，TEQC 软件将生成 9 个文件，具体如表 1 所示[3]。

表 1　TEQC 质量检核结果文件

文件名	内　容
S 文件	质量检核结果汇总文件
ion 文件	电离层延迟文件
iod 文件	电离层延迟变化率文件
mp1 文件	L1 频段多路径误差文件
mp2 文件	L2 频段多路径误差文件
sn1 文件	L1 频段信噪比文件
sn2 文件	L2 频段信噪比文件
ele 文件	卫星高度角文件
azi 文件	卫星方位角文件

TEQC 质量检核结果文件中包含了丰富的信息，本文因篇幅所限不再赘述，主要关注其中的数据可用率（高度角≥10°）、L1 频段观测值多路径误差（MP1）、L2 频段观测值多路径误差（MP2）、观测值与周跳比值（obs/slip）等重要指标。

本文选取 CQGNIS 全部 25 个基准站 2013 年 2 月 16 日的 24h 观测数据，采样率 15 s，卫星截止角 10°。全部 25 个基准站的质量检核结果如表 2 所示。MP1、MP2 值单位为 m。

表 2　CQGNIS 基站数据质量检核结果

基站	数据可用率	MP1	MP2	Obs/slip	基站	数据可用率	MP1	MP2	Obs/slip
BISH	100%	0.27	0.28	49 020	QIAN	100%	0.28	0.29	24 659
CHKO	98%	0.29	0.31	11 616	QIJI	98%	0.30	0.36	14 636
CHSH	100%	0.34	0.31	9 831	ROCH	100%	0.26	0.28	49 015
DAZU	99%	0.26	0.30	16 212	SHZH	100%	0.26	0.30	49 399
DIJI	100%	0.29	0.35	49 241	TONA	98%	0.28	0.33	16 048
FEDU	99%	0.30	0.31	24 415	WAZH	98%	0.29	0.36	23 902
HECH	98%	0.27	0.33	14 721	WULO	100%	0.28	0.35	49 134
JIJI	100%	0.25	0.29	49 072	WUSH	100%	0.29	0.35	45 404
KAXI	100%	0.27	0.26	12 331	WUXI	100%	0.32	0.36	24 631
LIPI	97%	0.32	0.38	15 028	XISH	100%	0.28	0.35	49 510
NAAN	98%	0.30	0.35	11 039	YOYA	98%	0.32	0.35	13 984
NACH	99%	0.27	0.32	24 215	YUYA	99%	0.28	0.34	46 578
PESH	98%	0.33	0.37	15 137					

由表 2，对于 CQGNIS 全部 25 个基准站，可以得到：

（1）数据可用率表征了基准站有效观测值的多少，可用率越高，说明基准站观测环境越好，数据质量越高。CQGNIS 基准站数据可用率最低为 97%，一半的基准站数据可用率为 100%，表明 CQGNIS 基准站的有效观测值多，观测环境好，数据质量高。

（2）MP1/MP2 表征了 L1 和 L2 频段多路径误差的影响，一般来说，MP1 和 MP2 分别小于 0.35 和 0.45 时，多路径效应带来的误差不会对系统的稳定运行产生影响。MP1 最大为 0.34 m，最小为 0.25 m，平均 0.29 m；MP2 最大为 0.38 m，最小为 0.26 m，平均 0.33 m。表明 CQGNIS 基准站的多路径误差较低，不会对系统整体运行造成影响。

（3）观测值与周跳比值（obs/slip）表征了基准站数据的稳定性，其值越大，说明周跳越少。观测值与周跳比值最大为 49 020，最小为 9 831，平均 28 351。表明 CQGNIS 基准站的数据接收较稳定，受到卫星失锁、信号中断等情况的影响较小。

3　全网观测数据质量分析

TEQC 软件虽然可以对单基准站的数据质量进行详尽的检核，但对于 CQGNIS 为代表的省市级 CORS 系统来说，单基准站的数据质量指标仍不能完全体现系统的整体数据质量。此时，应对整网基线进行高精度数据处理，对同步环闭合差、基线重复性等指标进行监测，从而得到全网整体质量情况。

基线处理软件采用美国麻省理工学院和 Scripps 研究所共同研制的 GAMIT 软件（10.4 版本）。该软件是世界上最优秀的 GNSS 数据处理软件之一。在利用精密星历的情况下，基线解的相对精度能够达到 10^{-9} 左右，是世界上最优秀的 GNSS 软件之一。我国 A、B 级 GPS

网的基线解算是采用该软件进行的[4]。

本文选取 CQGNIS 全部 25 个基准站 2013 年 2 月 16 日—17 日的 24 h 观测数据，并引入 BJFS、WUHN、SHAO、LHAZ、URUM、KUNM、TNML、USUD、KIT3、POL2 等 10 个 IGS 连续运行跟踪站数据进行联合解算，其分布如图 1 所示，解算策略如表 3 所示。

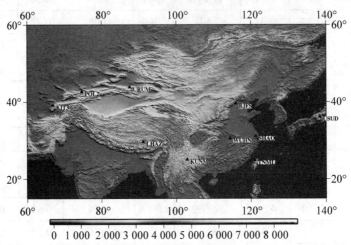

图 1　IGS 跟踪站分布图

表 3　基线处理解算策略

参　数	改正模型
观测值	LC＋PC 组合观测值
卫星星历	IGS 事后精密星历
卫星轨道	考虑卫星轨道误差，松弛 IGS 卫星轨道
坐标框架与历元	ITRF2005 框架，单天瞬时历元
截止高度角	$10°$
电离层延迟	LC 观测值消除（一阶影响）
对流层延迟	Saastamoninen 模型改正＋GMF 映射函数＋分段估计（步长 2h）
采样率	30 秒
观测时间	24 小时/天
天线相位改正	绝对天线相位改正模型（卫星＋接收机天线）
潮汐改正	固体潮＋极移潮＋洋潮
相位缠绕	改正
相对论效应	改正

基线处理精度水平，表征了 CQGNIS 基准站网的整体精度和质量水平，主要由同步环闭合差、基线重复性来体现。

3.1 同步环闭合差

由于 GAMIT 软件采用的是网解（即全组合解），其同步环闭合差在基线解算时已经进行了分配。对于 GAMIT 软件基线解的同步环检核，可以把解的 nrms 值作为同步环质量好坏的一个指标，一般要求 nrms 值小于 0.5，不能大于 1.0。

本文共计算了 2013 年 2 月 16 日、17 日（年积日分别为 047、048）2 个时段，其 nrms 值如表 4 所示。

表 4　CQGNIS 基准站网 nrms 值

时　段	nrms 值
2013 年 2 月 16 日	0.234
2013 年 2 月 17 日	0.239

由表 4 可知，本文两个时段 nrms 全部小于 0.25，表明 CQGNIS 基准站网观测条件较好，基线解的精度较高。

3.2 基线重复性

各时段基线向量的重复性反映了基线解的内部精度，是衡量基线解质量的一个重要指标。其定义为：

$$R = \left[\frac{\dfrac{n}{n-1} \sum\limits_{i=1}^{n} \dfrac{(c_i - c)^2}{\sigma_i^2}}{\sum\limits_{i=1}^{n} \dfrac{1}{\sigma_i^2}} \right]^{\frac{1}{2}}$$

式中：c_i 是各时段解基线的各分量；σ_i^2 是相应分量的协方差；$\overline{c}$ 为相应基线分量的加权平均值；R 为相应的重复性。

重复精度也可用固定误差和比例误差两部分表示，即：

$$\sigma = a + bl$$

式中：σ 为分量的中误差；a 为分量的固定误差；b 为相对误差；l 为分量的长度[5]。

本文处理的 CQGNIS 基准站网基线重复性如表 5 所示。

表 5　CQGNIS 基准站网基线重复性

南北方向 mm + 10^{-8}		东西方向 mm + 10^{-8}		垂直方向 mm + 10^{-8}		基线长度 mm + 10^{-8}	
a	b	a	b	a	b	a	b
0.74	0.05	0.73	0.06	1.55	0.13	0.46	0.09

由表 5 可知，本文解算的 CQGNIS 基准站网基线重复性，南北方向为 0.74 mm + 0.05 × 10^{-8}，东西方向为 0.73 + 0.06 × 10^{-8}，垂直方向为 1.55 mm + 0.13 × 10^{-8}，基线长度方向为

$0.46 \text{ mm} + 0.09 \times 10^{-8}$。可以看到 CQGNIS 基准站网的基线处理结果在 2 个时段间差异很小，表明 CQGNIS 基准站网观测环境稳定，基准站网处理精度高。

综合同步环闭合差、基线重复性等 2 个关键技术指标，可以看到，CQGNIS 基准站网整体观测环境良好，整网精度高并稳定，完全符合设计要求。

4 结　论

由以上的实验结果和分析，不难得出如下结论：

（1）通过 TEQC 软件对 CQGNIS 基准站数据的质量检核及分析，表明 CQGNIS 的全部 25 个基准站观测质量较好，点位附近没有大型反射界面，多路径效应影响较小，观测环境理想，适合作为长期、连续运行的 GNSS 基准站。

（2）通过 GAMIT 软件对 CQGNIS 基准站网整网高精度数据处理，表明 CQGNIS 基准站网整体精度高，观测质量稳定，可为 CQGNIS 系统提供高精度、连续、稳定的观测数据，完全可以保障 CQGNIS 系统的长期、连续、稳定运行。

参考文献

[1]　唐静秋. 重庆市国土资源 GNSS 网络信息系统的建设与应用[J]. 测绘，2012，35（4）：181-189.

[2]　范士杰，郭际明，彭秀英. TEQC 在 GPS 数据预处理中的应用与分析[J]. 测绘信息与工程，2004，29（2）：33-35.

[3]　UNAVCO Facility. TEQC[EB/OL]. 2008-02-15，[2013-05-15]. http：//www.unavco.ucar.edu/software/teqc/teqc.html.

[4]　李毓麟，刘经南，葛茂荣，等. 中国国家 A 级 GPS 网的数据处理和精度评估[J]. 测绘学报，1996，26（2）：81-86.

[5]　姜卫平，刘经南，叶世榕. GPS 形变监测网基线处理中系统误差的分析[J]. 武汉大学学报：信息科学版. 2001，26（3）：196-199.

作者简介　马泽忠，男，博士，正高级工程师，主要从事"3S"技术集成应用方面研究工作。E-mail：mazezhong@yahoo.com.cn

CPⅢ技术在变形监测中的应用

岳仁宾　张　恒　李　超

（重庆市勘测院，重庆 400020）

摘　要　CPⅢ控制网是直接控制无砟轨道施工的最后一级平面、高程控制网，已经在高速铁路建设中大量采用，其数据采集和数据处理技术已日趋成熟。本文结合重庆市某桥墩变形监测项目，介绍将 CPⅢ 技术应用于变形监测工程的操作流程。监测结果表明，CPⅢ后方交会测量精度达毫米级，能够满足大部分变形监测工程的精度要求。

关键词　CPⅢ控制网　变形监测　数据处理　测量精度

1　引　言

近年来，城市建设活动的加快，巨大的规模和复杂的工艺对安全监测工作的开展提出更高的要求。而山体滑坡、极端天气等环境因素的影响，使突发事件增多、变形监测抢险工程频繁出现。

相对于常规变形监测项目，抢险工程通常要求反应速度快，在尽可能短的时间内获取监测对象的变形信息，因此常常采用特殊的测量方式。在高铁建设中已广泛应用的CPⅢ技术，为变形监测抢险工程提供了一个简单有效的作业方式。

我国客运专线无砟轨道铁路工程测量平面控制网可分为三个等级[1]，即第一级为基础平面控制网（CPⅠ），第二级为线路控制网（CPⅡ），第三级为基桩控制网（CPⅢ），主要为铺设无砟轨道和运营维护提供控制基准，可采用导线测量方法或者后方交会法测量。当采用导线测量时，将测量仪器直接设置在部分 CPⅢ 控制点上（测量仪器间距控制在 120～140 m），将会产生 2 mm 的测站对中误差，虽然布网花费时间短，但点位误差较大，控制网稳定性不够。在变形监测工程中，我们一般选用后方交会法测量。

2　CPⅢ测量方法及精度要求

2.1　CPⅢ控制网的布设和测量

基于后方交会测量的 CPⅢ控制网应采用独立自由网平差，网形如图 1 所示。然后在 CPⅠ 或 CPⅡ中置平。置平时相邻段应重叠，重叠长度不小于 1 km[3]。

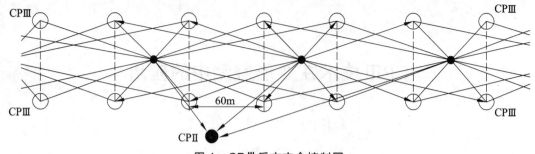

图1 CPⅢ后方交会控制网

从图1所示的CPⅢ网形可以看出，CPⅢ平面网是一个非常规则的测量控制网，所有CPⅢ点在网中的交互强度很高而且分布均匀，网本身基本没有最弱点的存在。CPⅢ平面网观测时采用全站仪自由设站的方法，因此不存在仪器对中误差。测站间距大致相等，均匀分布在线路中线附近。在高铁建设中，CPⅢ点采用特殊的强制固定装置，保证了目标点重复安装的精度，也最大程度消减了棱镜安装时的对中误差。

2.2 CPⅢ三角高程测量[9, 10]

如图2所示，以1、2、11、12号CPⅢ点为例，它们距测站的距离大致相等，在等距的情况下，目标点之间的高差是消除了地球曲率影响的，同时，由于CPⅢ点上直接安置棱镜，仪器高的测量误差也避免了，四个点之间的高差是精确的。同样可知3、4、9、10号点之间以及5、6、7、8号点之间任意两点之间的高差。

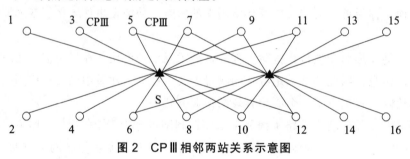

图2 CPⅢ相邻两站关系示意图

如果只是考虑一站的对应点高差，从列的方向看，只能得到1号点与11号点、2号点与9号点、5号点与7号点之间的高差，缺少3号与5号、7号与9号之间的高差。这样建立不了完整的水准网。因此考虑以相邻两站为研究对象，计算出测站之间8号点与10号点的高差h_{8-10}，或者是7号点与9号点的高差h_{7-9}。由于8号点与10号点到测站的距离相差较大，这里以两站分别求出的h_{8-10}取平均值作为8号点与10号点的观测高差。

三角高差存在重复观测的情况，于是存在观测值归化的问题。该问题的处理思想是：以高差观测值h_{5-6}的两对应点，5号点和6号点到测站的水平距离之和为定权标准，取所有重复观测值的加权平均值为其最终观测值，并反算出其对应的权。计算表达式为：

$$P_i = \frac{S_1}{S_i}, \quad \bar{h} = \frac{[h_i p_i]}{[p_i]}, \quad \bar{S} = \frac{S_1}{[p_i]}, \quad i = 1, \cdots, n$$

测巴渝山水　绘桑梓宏图

于是得到 CPⅢ 水准网的三角高差观测值，进而进行高程平差，计算出高程。经工程实践检验，CPⅢ 水准网的测量精度能够达到二等水准测量的精度，完全满足无砟轨道施工测量的要求[3, 9, 10]。

2.3 高铁建设中控制网的精度要求

无砟轨道测量各级控制网在铁路施工中发挥着不同的作用，对测量精度的要求也有所不同，各控制网的测量准则如表 1 所示。《建筑变形测量规范 JGJ 8—2007》规定了建筑变形观测的等级及精度要求，如表 2 所示。

表 1 无砟轨道测量各平面控制网测量精度要求

控制点	可重复性测量精度	相对点位精度
CPⅠ	10 mm	$8 + D \times 10^{-6}$ mm
CPⅡ	15 mm	10 mm
CPⅢ 后方交会测量	5 mm	1 mm

表 2 变形观测的等级及精度要求

变形观测级别	沉降观测 观测点测站高差中误差 /mm	位移观测 观测点坐标中误差 /mm	适用范围
一级	≤0.15	≤1.0	高精度要求的大型建筑物和科研项目变形观测
二级	≤0.50	≤3.0	中等精度要求的建筑物和科研项目变形观测；重要建筑物主体倾斜观测、场地滑坡观测
三级	≤1.50	≤10.0	低精度要求的建筑物和科研项目变形观测；一般建筑物主体倾斜观测、场地滑坡观测

由表 1、表 2 的对比可见，CPⅢ 控制网的平面测量精度满足变形观测二级的要求，而根据前文所述，在距离不长的情况下，CPⅢ 水准网能够达到二等水准测量精度，因此将 CPⅢ 技术应用于大多数变形监测工程在理论上是可行的。

3 CPⅢ 技术应用于变形监测的工程实例

3.1 工程概况

由于连续特大暴雨袭击，重庆市某区滨江路某段隔离带出现较大裂痕，经现场踏勘，该路段以隔离带为界，靠江一侧为桥梁，另一侧为实地，如图 3 所示。为获取桥墩和路基挡墙外 L 形构筑物的变形情况，需要对该区域开展变形监测抢险工作。

图 3　重庆市某区滨江路某段隔离带出现裂缝

抢险工程共分为三部分：L 形构筑物的沉降监测、裂缝监测、桥墩的平面及沉降变形监测。其中桥墩变形观测采用 CPⅢ 技术。篇幅所限，本文仅介绍桥墩的平面及沉降变形观测。

3.2　监测点布设及外业测量

为了满足变形监测的要求，根据现场情况，将 4 个基准点选定在变形区域外的桥墩上，编号为 K1 ~ K4。在变形区域内的桥墩上共布设 20 个监测点，编号为 Z1 ~ Z20，采用 CPⅢ 技术平面位移监测、沉降监测同时进行，测站架设在 L 形构筑物与护坡间的人行过道上，测站间距离大致相等，每一期观测测站架设位置相同。点位布设及观测路线见图 4。因测站较多，图中仅列出第二、三两测站的观测线路。

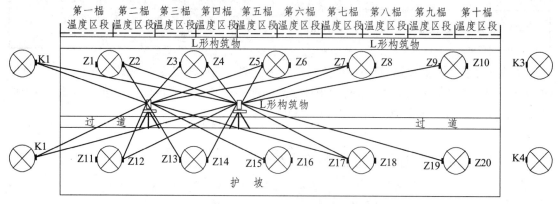

图 4　桥墩监测点布设情况及观测线路图

变形监测基准控制网采用"一点一方位"建立，假定 K1（500.000，500.000，100.000）为已知点，K1-K3 为零方向建立坐标系，采用高精度全站仪联测，求出 K2 ~ K4 坐标，作为本次变形监测抢险工程的基准网。监测点观测使用 TCA2003 智能型全站仪（0.5″，1 mm + 1 ppm）自动观测，水平角及垂直角均观测 4 测回，距离测量 8 测回。

测巴渝山水　绘桑梓宏图

3.3 数据处理及变形分析

本工程数据处理采用自由网平差结合坐标转换完成。首先把监测网中各网点 Z1～Z20 同与其联测的 K1～K4 一起进行自由网平差，这样 K1～K4 点就有了两套坐标：一套是自由网平差的坐标，另一套是它们在变形监测网坐标基准下的坐标。利用 4 个基准点，按最小二乘原理，可以求得两套坐标系统的转换参数，通过坐标转换参数实现将监测网网点坐标转换到假定的坐标基准下。

本项目于 8 月 2 日开始，至 8 月 24 日加固工程完成后结束，转入常规变形观测，共观测 23 期。其中 8 月 2 日～6 日暴雨期间每天观测 2 期；8 月 7 日～14 日 L 形构筑物支护工程已完成，每天观测 1 期；8 月 15 日～24 日护坡加固期间每两天观测 1 期。由于数据量较大，本文仅列出裂缝最大处的 Z1、Z2 监测点观测数据进行分析，见表 3。

表 3 Z1、Z2 点平面位移及沉降观测统计表

监测点		起零观测	第二期			第八期			第二十三期		
		观测值 /m	观测值 /m	本次 /mm	累计 /mm	观测值 /m	本次 /mm	累计 /mm	观测值 /m	本次 /mm	累计 /mm
Z1	X	518.112 3	518.112 0	−0.3	−0.3	518.122 2	8.2	9.9	518.120 0	−2.2	7.7
	Y	500.360 2	500.360 9	0.7	0.7	500.342 8	−21.5	−17.4	500.345 6	2.8	−14.6
	H	100.498 5	100.498 0	−0.5	−0.5	100.507 4	11.6	8.9	100.505 6	−1.8	7.1
Z2	X	520.098 2	520.098 4	0.2	0.2	520.108 7	8.8	10.5	520.106 2	−2.5	8.0
	Y	500.125 6	500.126 5	0.9	0.9	500.106 9	−22.7	−18.7	500.109 2	2.3	−16.4
	H	100.523 1	100.522 8	−0.3	−0.3	100.532 2	12.5	9.1	100.530 2	−2.0	7.1

表 3 结果表明：

（1）Z1、Z2 点变化趋势基本一致，这是因为 Z1、Z2 两点分别位移同一桥墩的两侧。

（2）Z1、Z2 点在第八期（8 月 5 日，19：00）发生突变，其中沿 Y 负方向变化尤其明显，平均变化量为 22.1 mm。经现场踏勘，8 月 5 日中午完成了 L 形构筑物及桥墩的支护工作，对 L 型构筑物和桥墩有顶推施工。

（3）Z1、Z2 点在第八期至第二十三期之间无明显变化。8 月 5 日—8 月 24 日间，主要支护工作完成，降雨结束，各点位趋于稳定。

其余各监测点变化趋势与 Z1、Z2 基本一致，除第八期出现突变外，其余各期处于缓慢变化状态；其中 Z11～Z20 共 10 个监测点整体变化相对较小，这是因为 Z11～Z20 布设在第二排桥墩上，距离 L 形构筑物较远。

将应用 CPⅢ技术得到的监测数据与裂缝观测（使用游标卡尺测量）、L 形挡墙沉降观测（直接水准测量）对比，分析结果完全一致。

4 结 论

本文叙述了采用 CPⅢ技术进行桥墩平面位移及沉降监测的点位布设、数据采集、变形分

析等过程，通过对比布设在桥墩两侧的监测点各期观测数据，分析桥墩的变形趋势。经过综合对比，应用CPⅢ技术得到的桥墩变形监测数据与裂缝观测、L形挡墙沉降观测的分析结果完全一致，并且观测数据的变化情况与现场施工进程相符合，说明观测数据可靠性强，能够准确反映监测对象的形变。

在监测点呈带状有规律分布的情况下，使用CPⅢ技术具有操作方便、测量精度高等特点。随着数据采集方式的多元化和数据处理软件的日益完善，CPⅢ技术必然能够在变形监测工程，尤其是抢险工程中发挥更大的作用。

参考文献

[1] 客运专线铁路无砟轨道工程测量技术暂行规定[S]. 北京：中国铁道出版社，2006.

[2] 李毛毛. 无砟轨道 CPⅢ控制网数据处理方法研究及其软件的集成. 西南交通大学，2005.

[3] 王鹏，刘成龙，杨希. 无砟轨道 CPⅢ自由设站边角交会网平差概略坐标计算方法研究[J]. 铁道勘察，2008（3）：26-28.

[4] 张海铃. 基于 TCA2003 全站仪的自动变形监测系统的研制. 山东科技大学，2005.

[5] 赖祖龙，程新文，陈性义，等.CPⅢ测量数据处理系统开发若干关键技术研究[J]. 测绘科学，2008（3）：117-118.

[6] 姚宜斌. 平面坐标系统相互转换的一种简便算法[J]. 测绘信息与工程，2001（1）.

[7] 王旭华，赵德深，吴寅. 边角控制网两类观测值权的确定研究[J]. 测绘通报，2004.

[8] 武汉大学测绘学院测量平差学科组.误差理论与测量平差基础[M]. 武汉：武汉大学出版社，2003.

[9] 刘浩，刘国建. 三角高程测量在高速公路控制测量中的应用研究[J]. 地理空间信息，2008（1）：111-113.

[10] 王知章，潘正风，刘冠兰. 三角高程测量在高铁特大桥无砟轨道施工测量中的应用[J]. 工程勘察，2009 （6）：69-71.

构建独立坐标系与 CGCS2000 坐标系转换关系的研究

刘万华　叶水全

（重庆市勘测院，重庆　400020）

摘　要　西部某独立坐标系（下文简称独立系）建立于 20 世纪 50 年代，以辖区内两处 1954 年北京坐标点为起算点，并投影至当地平均高程面的二维平面坐标系。独立系无确切的数学模型，与通用质心坐标系（如 WGS84、CGCS2000）之间的转换一般通过平差完成。本文研究运用二维非线性最小二乘重算参数模型（a, f）和 Bursa 七参数模型，建立了独立系与 CGCS2000 坐标系之间的可靠转换关系。

关键词　椭球模型求解　投影　重算　最小二乘　Bursa 七参数

1　引　言

西部某城市属典型的山地城市地貌，地势起伏较大，长江从西向东横穿而过，全市东西跨度 240 千米，南北跨度 230 千米。独立系按中央经线划分为西、中、东三带覆盖辖区。基于历史原因，无法获取独立系坐标成果的准确参数模型和数学关系。本文为了实现与 CGCS2000 坐标系之间的转换，前期开展了独立系首级控制网点与 CGCS2000 之间的三维坐标联测工作，联测点位分布如图 1 所示。利用独立系已有资料重算了独立系椭球参数，在重算椭球的基础上结合联测数据计算了独立系与 CGCS2000 坐标系之间的 Bursa 七参数转换关系，并进行了全面验证。

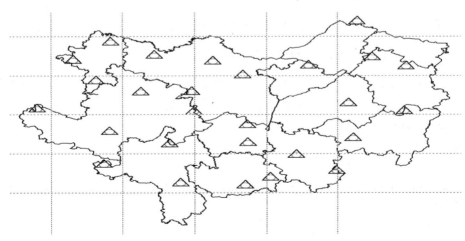

图 1　独立系首级网点

2　重算椭球参数

独立系以 54 坐标系为基础，由于布网年代、施测单位的差异等，存在数学定义不明、误差分布不均等问题。欲建立独立系与 CGCS2000 坐标系之间的转换关系，首先我们需进行椭球参数的重算，以得到确切的椭球参数。其方法为：利用已有的大地坐标（B，L）点与平面坐标（x，y）点，通过高斯-克吕格投影，采用非线性最小二乘法求解最优解。其毫米级多项式展开方程[2]如下：

$$x = X + Nt\cos^2 B \frac{l^2}{\rho^2}\left[0.5 + \frac{1}{24}(5 - t^2 + 9\eta^2 + 4\eta^4)\cos^2 B \frac{l^2}{\rho^2} + \frac{1}{720}(61 - 58t^2 + t^4)\cos^4 B \frac{l^4}{\rho^4}\right]$$

$$y = N\cos B \frac{l}{\rho}\left[1 + \frac{1}{6}(1 - t^2 + \eta^2)\cos^2 B \frac{l^2}{\rho^2} + \frac{1}{120}(5 - 18t^2 + t^4 + 14\eta^2 - 58\eta^2 t^2)N\cos^4 B \frac{l^4}{\rho^4}\right]$$

其中，B、l 为纬度和经差，X 为子午线弧长，其他关系有：

$$e = \frac{\sqrt{a^2 - b^2}}{a}, \quad e' = \frac{\sqrt{a^2 - b^2}}{b}, \quad f = \frac{a - b}{a}$$

$$N = \frac{a}{\sqrt{1 - e^2 \sin^2 B}}, \quad \eta^2 = e'^2 \cos^2 B$$

由于非线性求解需要更高精度的数学运算，所以应将多项式展开到纳米级误差[1]。其最优问题，根据非线性最小二乘进行定义：

$$\min_x \|f(x)\|_2^2 = \min_x (f_1(x)^2 + f_2(x)^2 + \cdots + f_n(x)^2)$$

然后将高斯投影方程代入，求解模型参数（a, f）最优值：

$$\min_{a,f} \|F(a,f)\|_2^2 = \min_{x^2+y^2} \|f(x^2 + y^2)\|_2^2$$
$$= \min_{x^2+y^2}(f_1(x^2 + y^2)^2 + f_2(x^2 + y^2)^2 + \cdots + f_n(x^2 + y^2)^2)$$

计算过程中，将平均高程面处膨胀椭球参数作为初值：

$$(a_0, f_0) = (6\ 378\ 560.000,\ 1/298.3)$$

将首级控制大地坐标和平面坐标作为输入条件，解得模型参数（a, f）区域范围收敛解（Matlab exitflag = 0）。采用 Matlab 编程求解，核心代码如下：

function x = sub_ellipsoid_a_rf（ ）
% 初始值
x0 = [6378560.000，1/298.30];
options = optimoptions（@lsqnonlin, 'MaxFunEvals', 20000, 'MaxIter', 8000, 'TolFun', 1e-10，'TolX'，1e-12);
% 计算
[x, resnorm, residual, exitflag, output, lambda, jacobian] = lsqnonlin（@f_lsqnonlin,

```
x0,,, options );
    function F  =  f_lsqnonlin（ x）;
    %纳米级高斯投影
    [X1，Y1]  =  gauss_projection（ B0，L0）;
    F  =  [ X0 - X1；Y0 - Y1];
```

3 计算 Bursa 七参数

独立系与 CGCS2000 系之间关系描述方法有很多，如引用[2]里就提及大地二维七参数、平面四参数、综合法、大地三维七参数。本文采用的椭球参数重算方法在最小二乘求解过程会引起方程的病态、控制范围小、通用性不强等问题，比较流行的做法是采用 Bursa 七参数法：

$$\begin{bmatrix} X_B \\ Y_B \\ Z_B \end{bmatrix} = \begin{bmatrix} \Delta X_0 \\ \Delta Y_0 \\ \Delta Z_0 \end{bmatrix} + (1+m)R(\omega) \begin{bmatrix} X_A \\ Y_A \\ Z_A \end{bmatrix}$$

$(X_A \quad Y_A \quad Z_A)^{\mathrm{T}}$：坐标系 A 下的空间直角坐标；$(X_B \quad Y_B \quad Z_B)^{\mathrm{T}}$：坐标系 B 下的空间直角坐标；$(\Delta X_0 \quad \Delta Y_0 \quad \Delta Z_0)^{\mathrm{T}}$：坐标系 A 转换到坐标系 B 的平移参数；

$(\omega_x \quad \omega_y \quad \omega_z)^{\mathrm{T}}$：坐标系 A 转换到坐标系 B 的旋转参数；

m：坐标系 A 转换到坐标系 B 的尺度参数。

该方法有以下特点：

（1）3 个及以上点位分布均匀、精度高且兼容具有两套坐标的重合点。

（2）适用范围大，可用于省级以上大区域的坐标系转换。

（3）空间转换后的坐标换算为平面坐标，其精度不损失。

（4）求解稳定，在系数求解过程中，由于尺度大致相等，较少出现方程病态。

因此，通用平台（如 Trimble Geodetic Office 1.63）一般建议使用 Bursa 七参数转换法。注意到独立系为二维坐标，无大地高，一般在计算过程中采用 CGCS2000 的大地高代替独立大地高，方法如图 2。

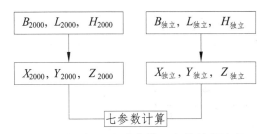

图 2 引入假设大地高的七参数计算流程

此方法在计算过程中引入了独立系大地高的误差，加大求解的复杂性[4]。因此，本案提出投影最小二乘 Bursa 七参数法，将最小二乘的计算放置到投影后，与已知平面坐标的差值求极限，较好地回避独立系无大地高的问题。在空间坐标转大地坐标使用到引用[6]的高精度反算公式，高斯投影使用引用[1]的高精度正算公式，流程如图 3 所示。

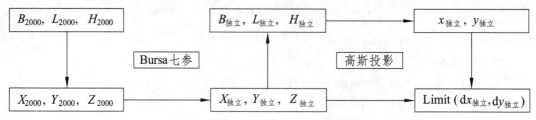

图 3　投影最小二乘七参数计算流程

在 Matlab 中求得区间范围解（Matlab exitflag = 2）。其核心代码如下：

```
function bursa7_x = bursa_ls（XY1，BLH2，ellipsoid1，ellipsoid2）
[X2，Y2，Z2] = geo2rect（BLH2（:，1），BLH2（:，2），BLH2（:，3），ellipsoid2）；
xyz2 = [X2，Y2，Z2]；
options = optimoptions（@lsqnonlin，'MaxFunEvals'，200000，'MaxIter'，100000，'TolFun'，
1e-12，'TolX'，1e-12）；
[x7，resnorm，residual，exitflag] = lsqnonlin（@f1，x0，lb，ub，options）
function F = f1（x）
% 通过逆函数，算和最小 A = RX + D；X = R \ （A - D）；
R = （1 + m）* Rz（ez）* Ry（ey）* Rx（ex）；
D = [repmat（dx，1，s1）；repmat（dy，1，s1）；repmat（dz，1，s1）；]；
A = [X2，Y2，Z2]'；
X = R \ （A - D）；
xyz1 = X'；
[B1，L1] = rect2geo（xyz1（:，1），xyz1（:，2），xyz1（:，3），ellipsoid1）；
F = reshape（dfm2hd（[B1，L1]）* rho - BL1 m，[]，1）；
end
end
```

4　转换关系验证

利用本文重算的椭球参数收敛解（a, f）对已知资料进行重新投影计算：对现有的 A 级、B 级、C 级控制点成果，分别按其所在投影区进行高斯投影计算，其结果与其现有成果进行比较，差值统计如表 1。

表 1　坐标投影误差统计表

等　　级	最大点位差/mm	点位中误差/mm
A 级（17 个）	0.4	0.1
B 级（27 个）	0.3	0.1
C 级（170 个）	0.5	0.2

从统计结果来看，覆盖全辖区的现有各等级控制点误差都在亚毫米级，因此，可以认为

椭球参数收敛解精确地表征了独立系椭球模型。

利用本文计算的 Bursa 七参数对辖区内 A、B、C 级控制点从 CGCS2000 计算至投影区高斯平面坐标，其结果与其现有成果进行比较，中误差 0.016 m，通过平面图分析（图 4），以投影原点为中心半径 100 km 范围内，内符合较差小于 5 cm，外符合较异小于 5 cm（下图空心小圆部分，大圆半径 100 km），因此可以认为本文计算的 Bursa 七参数符合辖区的精度转换需要。

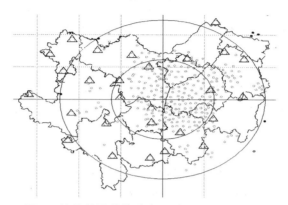

图 4 计算结果差值分布图（空心圆<5 cm）

5 结束语

本文基于通用坐标转换模型，利用非线性投影最小二乘，计算独立系椭球模型、Bursa 七参数，提高了坐标转换精度。自 2008 年 7 月 1 日起，我国已全面启用 CGCS2000 国家大地坐标系，从城市独立坐标系统的建设上来讲，解决这样的问题是非常有意义的。

参考文献

[1] CHARLES，KARNEY F F，Transverse Mercator with an accuracy of a few nanometers. Journal of Geodesy，Vol.85（8）：475-485（2011）.

[2] 《现有测绘成果转换到 2000 国家大地坐标系技术指南》.

[3] 刘仁钊，等.Bursa 转换模型七参数严密解算方法研究.资源环境与工程，Vol24，No 4，Aug，2010.

[4] 王文利，等.大地高误差对 Bursa 七参数平面转换精度的影响.测绘科学，2011（5）：37-38.

[5] 沈云中，等.Bursa 模型用于局部区域坐标变换的病态问题及其解法.测绘学报，vol.35，No2，May，2006.

[6] 魏子清.直角大地坐标变换为曲线大地坐标的直接解法.测绘通报，1981（1）.

[7] 魏木生.广义最小二乘问题的理念和计算.北京：科学出版社，2008.

不同行业建筑工程面积测量要求的分析

杨本廷

（重庆市勘测院，重庆 400020）

摘 要 建筑工程从设计到竣工需涉及到行业行政主管部门对建筑工程项目的面积核实，如建筑工程量面积、规划建筑面积和计容面积、建筑房产面积。由于各行业建筑工程的面积计算执行的规范不完全相同，导致面积计算的结果也不同，这给管理带来一定的不便。本文主要从重庆市房管、规划、建设这三个行业建筑项目面积计算要求的共性和差异进行分析，以便于在实际工作中能正确应用。

关键词 建筑工程建筑面积计算规范 房产测量规范 建筑面积 房产面积 共性 差异

建筑工程从设计、审批、施工、验收各环节需涉及国土房管、规划、建设等行业行政主管部门的管理，其中最重要的一项工作便是行业行政主管部门对建筑工程项目的面积核实，如建设行业的建筑工程量面积、规划行业的建筑面积和计容面积、国土行业的房产面积。由于行业主管部门管理的需求，各行业面积计算执行的标准、规范不完全相同。建设行业进行工程预算、工程结算执行的是《建筑面积计算规则》（简称工程量面积规则），规划行业进行项目经济技术指标核算时执行的是《建筑工程建筑面积计算规范 GB/T 50353—2005》（简称建筑面积规范），国土房管行业进行房屋产权登记执行的是《房产测量规范 GB/T17986—2000》（简称房产测量规范），导致面积计算的结果也不同，这给管理带来一定的不便。本文主要从重庆市房管、规划、建设这三个行业建筑项目面积计算要求的共性和差异进行分析，以便于在实际工作中能正确应用。

1 适用范围

国家质量技术监督局于 2000 年 2 月 22 日发布了《房产测量规范 GB/T17986—2000》的国家规范。国家建设部与质检总局于 2005 年 4 月 15 日联合发布了《建筑工程建筑面积计算规范 GB/T50353—2005》的国家规范，该规范是在 1995 年建设部发布的《全国统一建筑工程预算工程量计算规则》的基础上修订的。以上两个规范均是推荐执行国家标准，两个规范在适用范围和部分规定方面不一致。

《房产测量规范》主要适用于建筑房屋预售及房屋产权登记时的房屋面积（简称房产面积）测算。各省、自治区、直辖市国土房管部门根据《房产测量规范》的基本原则，制定并颁布本地、本城市的具体实施细则或技术规定，如重庆市 2007 年 11 月 19 日颁布了《重庆市房屋面积测算实施细则》。

《建筑工程建筑面积计算规范》适用于新建、扩建、改建的工业与民用建筑工程预算工程量及工程造价核算的建筑面积计算。目前建设行业在进行工程预算、造价核算、工程结算执行此规范，规划行业在进行项目经济技术指标核算时也执行此规范。《住宅设计规范》中的面积计算也是采用此规范。《城市测量规范》规定的规划监督测量的竣工验收建筑面积测量也执行现行的《建筑工程建筑面积计算规范》或城市规划主管部门的规定。

2 精度要求

2.1 房产测量规范的精度要求

表 1 房产面积的精度要求

精度等级	中误差	限差
一	$0.01\sqrt{s} + 0.000\,3s$	$0.02\sqrt{s} + 0.000\,6s$
二	$0.02\sqrt{s} + 0.001s$	$0.04\sqrt{s} + 0.002s$
三	$0.04\sqrt{s} + 0.003s$	$0.08\sqrt{s} + 0.006s$

注：s 为房产面积，单位 m^2。

房产测量规范仅仅规定了房产面积的精度要求与限差要求，其房产面积的精度分为三级，各级面积的中误差和限差不超过表 1 的规定。房产测量规范对相应的边长测量的精度要求与限差没有做出规定。

2.2 建筑面积规范精度要求

建筑面积规范对边长测量和面积测量的精度均没有做出明确规定。但《城市测量规范》（CJJ/T 8—2011）对设计边长与测量边长（扣除抹灰和装饰的厚度）的较差限差进行了规定，如当测量边长扣除抹灰和装饰厚度后与设计边长的较差的绝对值在（$0.028\,m + 0.001\,4 \times D$）之内（$D$ 为边长，单位为"m"）或城市规划主管部门规定的条件时，可按设计边长计算。重庆市规划局对实测建筑面积与规划许可建筑面积的误差规定为 1%（未改变建设工程规划许可证附图的情况下）。

假如一栋别墅的面积为 200 平方米，根据房产测量规范的二级精度，其面积精度限差为 0.96 平方米。而根据重庆市规划竣工实测面积误差的规定，其面积误差为 2 平方米。因房产面积涉及房屋买卖、房屋产权等，因此要求较为严格。而规划竣工建筑面积仅作为规划竣工验收使用，确定项目是否增减面积建设，因此要求较房产面积精度宽松。

3 不同建筑面积计算规则的对比

各省、自治区、直辖市各行业主管部门在具体执行《建筑工程建筑面积计算规范》时，还颁布了一些具体实施细则或技术规定，如：重庆市建设委员会颁布了《重庆市建筑工程计价定额》建筑面积（简称定额面积）计算的综合解释，重庆市规划局颁布了《关于〈建筑工程建筑面积计算规范〉及相关规范性文件有关条文执行标准的几点共识》、《重庆市计容建筑面积计算规则》(简称计容面积)等补充规定，导致虽然执行的基本规范《建筑工程建筑面积计算规范》是一致的，但因补充规定不一致，最后计算面积的标准也不完全一致（见表2）。

表2 不同行业建筑面积计算规则的对比

序号	项目	建设行业定额建筑面积	规划行业建筑面积	规划行业计容面积
1	基本规范	《建筑工程建筑面积计算规范》	《建筑工程建筑面积计算规范》	《建筑工程建筑面积计算规范》
2	补充规定	《重庆市建筑工程计价定额综合解释》	《关于〈建筑工程建筑面积计算规范〉执行标准的几点共识》等规范性文件	《计容建筑面积计算规则》及相关规范性文件
3	地下建筑	计算建筑面积	计算建筑面积	不计算计容面积
4	层高	层高在 1.20～2.20 m 计算1/2面积；层高大于2.20 m 计算全面积	层高在 1.20～2.20 m 计算 1/2 面积；层高大于2.20 m 计算全面积	层高在 1.20～2.20 m 计算 1/2 面积；层高在 2.2～3.6（或 5.4）m 计算全面积；层高大于 3.6 m 或5.4 m 以上，根据实际情况按该层建筑面积的多倍计容
5	阳台	阳台单柱支撑者按 1/2 计算面积，阳台双柱支撑者按全面积计算面积；入户花园进深不足 2.1 m 者按 1/2 面积计算，在 2.1 m 及以上者按全面积计算	不论是凹阳台、挑阳台、封闭阳台、不封闭阳台均计算 1/2 面积	套型建筑面积≤60 m² 的住宅，其阳台进深>2.4 m 或每户阳台投影面积之和>10 m² 的，超出部分按全面积计入计容面积，未超出部分按照 1/2 计入计容面积；套型建筑面积>60 m² 的住宅，其阳台进深>2.4 m 或每户阳台投影面积之和大于该户套内面积的 17%，超出部分按全面积计入计容面积，未超出部分按照 1/2 计入计容面积；公共建筑的封闭式阳台按全面积计入计容面积；商业、工业、仓储建筑的阳台按全面积计入计容面积

4 建筑面积与房产面积计算规则的对比

此处所说的建筑面积是指在建筑工程预算工程量及工程造价核算方面起重要作用的建筑工程的面积，是计算工程量的主要指标，也是建设工程项目最重要的经济技术指标，执行《建筑工程建筑面积计算规范》。房产面积是指用于建筑房屋预售及房屋产权登记时的房屋面积，执行《房产测量规范》。两者的作用不同，执行的规范不同，因此其计算规则也不相同（见表3）。虽然两者适用于不同的行业管理，但两者存在内在联系。房管部门需根据经规划部门竣工验收确认的建筑面积外轮廓及建筑功能来确定房产面积的建筑轮廓和建筑用途。

表 3　建筑面积与房产面积主要计算规则的对比

序号	项目	建筑面积	房产面积
1	层高	层高在 1.20～2.20 m 或净高在 1.20～2.10 m，计算 1/2 面积	层高 2.20 m 或净高 2.10 m 以下，不计算面积
2	阳台	不论是凹阳台、挑阳台、封闭阳台、不封闭阳台均计算 1/2 面积；有永久性顶盖但未全部覆盖的露台、挑台、阳台，其被覆盖部分计算 1/2 面积，未覆盖部分不计算面积 有永久性顶盖未封闭阳台计算 1/2 面积	全封闭的阳台、挑廊计算全面积；未封闭阳台、挑廊计算 1/2 面积；露台不计算面积 当未封闭阳台底面与上盖的高度超过两个自然层（不含两个自然层）时，或未封闭阳台底面与上盖之间的墙面有不属于底面所在产权单元的房屋的窗户时，该阳台不计算面积
3	飘窗	突出外墙面，窗台板与室内地坪高差大于 0.45 m，窗台板外边线至建筑外墙面距离小于或者等于 0.8 m。符合以上条件的飘窗，不计建筑面积。不符合以上条件的，或者设置在外墙、楼面结构层投影面以内的飘窗，按照窗台板投影面积计建筑面积	当房间飘窗的净空高大于等于 2.1 m，窗台面与房间地面或露面的距离小于等于 0.3 m，窗户凸出房屋外墙墙面的距离大于等于 0.5 m 时，飘窗凸出外墙部分的水平投影应计算面积
4	雨棚	雨篷宽度超过 2.10 m，应计算 1/2 面积	多柱雨篷计算全面积；无柱雨篷不计算面积
5	有柱建筑物	围护结构指围合建筑空间四周的墙体、门、窗等，围合建筑空间四周的墩、柱、栏杆不算围护结构。因此仅以柱为围护结构的建筑原则上计算 1/2 面积。如：建筑物外有围护结构的落地橱窗、门斗、挑廊、走廊、檐廊等应计算全面积；有永久性顶盖无围护结构的计算 1/2 面积	有柱或有围护结构的门廊、门斗、走廊等计算全面积；多柱雨篷计算全面积；有永久性顶盖的多排柱的车棚、站台、加油站、收费站等计算全面积；独立柱、单排柱的门廊计算 1/2 面积
6	室外楼梯	有永久性顶盖的室外楼梯计算 1/2 面积；无永久性顶盖的室外楼梯不计算面积	属永久性结构有顶盖的室外楼梯计算计全面积，无顶盖计算 1/2 面积；作为公共使用，带社会公益性质的室外楼梯不计算面积
7	以桥梁台阶等为顶盖	建筑物以桥梁、台阶等作为房屋顶时，应计算面积	利用引桥、高架路、高架桥作为顶盖建造的房屋不计算面积
8	屋顶亭、塔	有顶盖有围护结构的计算全面积，有顶盖无围护结构的计算 1/2 面积	不计算面积
9	场馆看台	有永久性顶盖无围护结构的场馆看台应按其顶盖水平投影面积的 1/2 计算	无专门规定

5　工作中的体会

笔者在工作中常遇到项目的建设单位抱怨，在一个项目的建设过程中至少会开展规划竣工建筑面积测量、房产面积测量。若遇到双方对结算工程量有异议，还会开展工程计量的建筑面积测量。由于三者执行的规范不一致，其面积测量的结果不一致，给管理带来一定的不便。大家也希望执行的规范尽量一致，而且也希望开展一次面积测量，就能提供各行业管理部门需要的面积数据。

《房产测量规范》于 2000 年 2 月 22 日发布，至今已有十几年时间。《建筑工程建筑面积计算规范》于 2005 年 4 月 15 日发布，至今也已有十几年时间。在这期间，随着我国建筑市场的发展，建筑的新结构、新材料、新技术、新的施工方法层出不穷，规范跟不上建筑形态的变化，使得许多新问题无法可依，无据可查，这就需要完善相应的标准规范，这也是地方各主管部门颁布地方补充规定的一个主要原因。

同时，建议主管部门适时启动规范的修订工作，也希望房产测量规范、建筑面积规范的主要标准条款尽量协调一致。如：对阳台面积的计算，建筑面积规范规定封闭阳台和不封闭阳台均计算 1/2 面积。从实际工程量来讲，封闭阳台的工程量肯定比不封闭阳台大，建议采纳房产测量规范的规定，封闭阳台算全面积，不封闭阳台算 1/2 面积；对有柱建筑物面积计算，房产测量规范规定有柱门廊、门斗、走廊等计算全面积，多柱雨篷计算全面积，有永久性顶盖的多排柱的车棚、站台、加油站、收费站等计算全面积。建议采纳建筑面积规范的规定，仅以柱作为围合的建筑计算 1/2 面积。

6 结 论

由于不同行业管理的需要，对建筑的面积测算要求也不可避免地会出现不一样。这就要求行业主管部门管理人员、面积测绘单位的技术人员加强对不同面积计算规范和地方性补充规定的学习，正确理解不同技术要求的共性和差异，以便于在实际工作中能正确应用。

参考文献

[1] 国家质量技术监督局. GB/T 17986.1—2000. 房产测量规范 第 1 单元：房产测量规定[S]. 北京：中国标准出版社，2000.
[2] 建设部，国家质量监督检验检疫总局. GB/T 50353—2005. 建筑工程建筑面积计算规范[S]. 北京：中国计划出版社，2005.
[3] 重庆市城乡建设委员会. CQJZDE—2008. 重庆市建筑工程计价定额[S]. 北京：中国建材工业出版社，2008.
[4] 重庆市城乡建设委员会. 2008 年重庆市建设工程计价定额综合解释[M]. [出版者不详]，2010.
[5] 杨本廷，黄勇. 规划验收建筑面积测量的几点体会[J]. 城市勘测，2010（3）：108-110.

作者简介 杨本廷（1976—   ），男，高级工程师，主要从事测绘技术与质量管理工作。

智慧城市时空信息云平台建设初探

李 林

（重庆市地理信息中心）

摘 要 随着智慧城市建设工作的不断推进，各行业在智慧城市建设中的分工越来越明确。测绘地理信息部门主要承担时空信息云平台的建设，定位为智慧城市建设的基础设施之一。本文从智慧城市时空信息云平台建设的总体架构、实施技术路线等方面探讨了平台建设的方法，对基础设施即服务、平台即服务、软件即服务等核心内容进行了全面分析，设计了相应的技术路线，为进一步开展实施工作提供参考。

关键词 智慧城市 时空信息 云平台 总体架构 技术路线

1 引 言

国家测绘地理信息局自 2006 年开始推进"数字城市"建设以来，全国共 333 个地级市、380 多个县级市开展了相关工作，建设成果惠及国土、规划、房产、公安、消防、环保、卫生等众多领域，为领导科学决策、城市信息化建设和社会公众服务等方面提供了全面的信息服务。然而，随着科技不断进步和应用需求快速变化，特别是云计算、物联网、大数据和移动互联网的快速发展，对原来的地理信息服务平台提出了更好的要求，比如用户体验、数据实时性、移动应用等。与此同时，"智慧地球""智慧城市"等概念的提出，也为地理信息服务平台的升级提供了契机，2015 年政府工作报告中，明确提出："要提升城镇规划建设水平，发展智慧城市，保护和传承历史、地域文化，坚决治理污染、拥堵等城市病，让出行更方便、环境更宜居。"2014 年，国家发展改革委、工业和信息化部等八部委联合发布《关于促进智慧城市健康发展的指导意见》以促进智慧城市健康发展。在八部委的工作协调分工中，明确测绘地理信息行业负责时空信息云平台建设，作为智慧城市建设的基础设施为其他行业部门的建设提供空间信息支撑。

与此同时，随着应用的不断深入，数字城市阶段的地理信息公共服务平台也暴露出了一些不足之处，比如数据应用内容单一、共享方式单一、实时数据稀缺、运行维护工作量大等，从应用角度也对时空信息云平台的建设提出明确需求。基于此，本文从智慧城市时空信息云平台建设的总体架构、实施技术路线等方面探讨平台建设的思路和方法，为下一步全面开展智慧城市建设提供可参考的方案，为智慧城市建设作技术积累。

2 平台架构设计

智慧城市时空信息云平台基于云计算技术搭建，从根本上改变 GIS 系统的建设模式，实现了所有 IT 基础设施资源的共享，包括服务器、存储、网络等物理资源，以及操作系统、数据库、GIS 软件平台等软件资源。云平台模式，一方面，可以大大提高地理信息公共服务平台的能力、最大化 IT 基础设施投入价值；另一方面，大大提高了政府的资源管理水平，降低资源管理的技术复杂度和管理成本。

整个平台主要包括：基础设施即服务层、平台即服务层、软件即服务层。

2.1 基础设施服务层

基础设施层主要包括基础硬件和基础软件两类设施。基础硬件包括主机、存储、网络等；基础软件包括数据库软件、操作系统、中间件、基础 GIS 软件等。通过采用虚拟化技术将两个环境进行整合，形成一套可动态调整的资源池，并对资源进行有效监控、管理的基础上，结合自动化的管理技术，对外提供对资源的池化管理，并且通过对服务模型的抽取，提供自动化部署的功能。

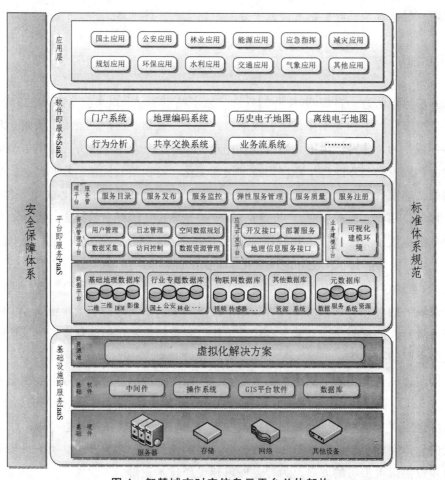

图 1 智慧城市时空信息云平台总体架构

测巴渝山水 绘桑梓宏图

2.2 平台即服务层

平台即服务层构建在基础设施层之上,直接向用户提供平台级的应用服务,主要由数据平台、资源管理平台、应用开发平台、业务建模平台和运维管理平台等组成。

2.2.1 数据平台

它是时空信息云平台的数据基础和源头,主要包括基础地理数据库、专题空间数据库、物联网数据库、元数据库、系统数据库等。基础地理数据库主要包括二维矢量数据、三维矢量数据、DEM 数据、影像数据等;专题空间数据包括各行业应用系统的专业数据,如国土、规划、环保、水利等;物联网数据库包括各类摄像头、RFID、地感线圈等传感设备获取的动态数据,以及互联网文本抓取技术获得的空间信息;元数据库主要包括数据的元数据、服务的元数据、资源的元数据、系统的元数据等;系统数据库包括用户权限数据、日志管理数据、系统配置数据、系统资源数据等。

2.2.2 资源管理平台

资源管理平台主要提供数据资源管理和平台运行管理两大块内容。数据管理包括对空间数据的入库、质检、编辑、输出、元数据管理、数据编目管理以及可以实现多源空间数据的无缝集成等功能;平台运行管理主要实现云平台的管理功能,主要包括用户管理、安全管理、资源访问控制管理等。

2.2.3 应用开发平台

应用开发平台主要完成底层基础设施的管理和维护工作,包括 GIS 平台、数据库、消息处理等等,并为用户提供了统一的平台开发接口,使用户能够在平台上能够完成与地理信息系统建设相关的各项工作,包括服务发布与应用、身份认证、应用系统搭建、应用部署等工作。

2.2.4 业务建模平台

业务建模平台为用户提供了一个可视化的建模环境,用户可以通过它搭建行业内专业的业务分析模型,例如:污染物扩散分析模型、污染物灾害评估分析模型等。完整的业务分析模型,还可以通过平台提供的模型部署服务发布成模型服务,以标准的 Web Services 提供给其他用户使用。

2.2.5 服务管理平台

服务管理平台是智慧城市时空信息云平台的核心组成部分,主要提供云端资源服务的管理维护功能,包括:资源服务的监控、资源服务的弹性调整、资源服务的度量等功能。通过服务管理平台实现了上层的业务 GIS 应用、GIS 服务、专业模型分析服务能够弹性、均衡的使用云端的资源,提高平台服务效能。

2.3 软件即服务层

软件及服务层构建在平台即服务层之上,通过利用平台的数据和服务资源,建成可供用户直接使用的软件功能,比如提供平台基本功能的门户系统,提供地理编码服务的地理编码系统，提供时空数据应用的历史电子地图系统，提供移动端应用的移动离线电子地图，等等。

除此之外，平台建设还包括安全保障体系和标准规范体系等建设内容。

3 技术路线

3.1 基于虚拟化技术构建云基础设施

要实现平台基础设施资源的共享应用，提供弹性计算能力，提升资源的利用率，必须能够对资源进行合理分配，并根据用户的需求变化动态进行资源的分配和调整，这些需要服务器端虚拟化的技术来实现。服务器虚拟化技术可以将物理资源等底层架构进行抽象，使得设备的差异和兼容性对上层应用透明，从而允许云对底层千差万别的资源进行统一管理，以支撑软件即服务的应用。

3.2 基于 SOA 和 Web 服务实现地理空间数据的共享

SOA 是基于开放的 Internet 标准和协议、支持对应用程序或应用程序组件进行描述、发布、发现和使用的一种应用架构。SOA 支持将可重用的数据应用作为应用服务或功能进行单独开发集成，并可以在需要时通过网络访问这些服务或功能。基于 SOA 架构和 Web 服务的这些技术特性，使用 HTTP 和其他 Web 协议，时空信息云平台可以方面实现数据共享和交换。

3.3 高效准确的地理编码引擎

地理编码引擎是实现非空间数据向空间数据转化的桥梁，是依托于时空信息云平台开展智慧城市建设的关键入口，建立高效、实用的地理编码引擎，可以快速帮助用户集成行业专题数据，地理编码系统包括三个部分，如图 2 所示。

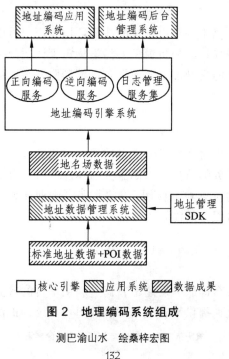

图 2 地理编码系统组成

测巴渝山水　绘桑梓宏图

（1）地址数据管理系统：提供地址和 POI 数据的增加、删除，历史地址数据管理，标准词管理，同义词管理等功能。

（2）地理编码应用系统：直接向用户提供地理编码应用功能，包括正向和逆向两类编码应用。支持单条匹配，也支持 txt，csv 等多种格式的批量匹配。

（3）地理编码后台管理系统：对用户的待匹配数据，匹配结果，匹配次数等进行统计分析，为进一步优化系统（包括数据和引擎）积累数据。

3.4　历史电子地图系统

随着地理信息应用的不断深入，数据积累越来越多，特别是影像数据，更是记录了城市地表发生的点滴变化，电子地图可以有效地对比这些历史数据，为各行业提供真正意义上的时空数据应用。历史电子地图系统功能模块如图 3 所示。

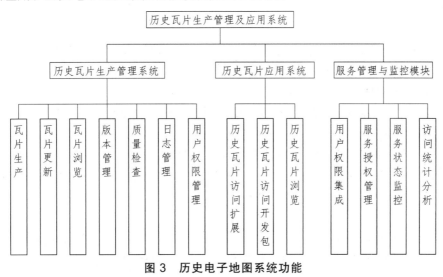

图 3　历史电子地图系统功能

3.5　移动离线电子地图系统

随着移动应用的普及，传统的面向桌面应用的电子地图在访问效率、数据流量等方面不再适应智慧城市地理信息应用的需求，因此，需要针对移动应用，特别是离线状态下的应用需求，研发离线电子地图服务系统。

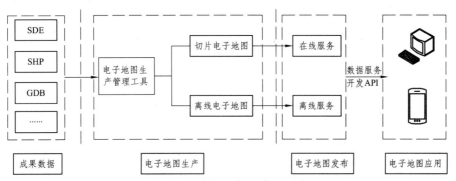

图 4　移动离线电子地图系统

4 小结与展望

随着智慧城市建设进程的进一步加快，时空信息云平台的研究与应用将得到更为广泛的关注。本文探讨了一种区别于传统 GIS 平台建设的模式，利用全新的云计算技术构建时空信息云平台架构，包括基础设施即服务、平台即服务和软件即服务等核心内容，并基于此探讨了具体建设的技术路线，如虚拟化技术、SOA 架构、地理编码引擎、历史电子地图、离线电子地图等关键技术，这些内容都是成熟的时空信息云平台建设必不可少的要件，将在智慧城市的建设过程中提供高质量的地理信息服务。此外，智慧城市相关的内容还非常多，比如物联网数据的接入与因、智能分析模型应用、工作流引擎等，这些技术的不断发展，将更好地提高时空信息云平台的服务能力，推动智慧城市建设的进程。

参考文献

[1] 袁远明. 智慧城市信息系统关键技术研究[D]. 武汉大学，2012.

[2] 陈铭，王乾晨，张晓海，等."智慧城市"评价指标体系研究——以"智慧南京"建设为例[J]. 城市发展研究，2011（05）.

[3] 李德仁，邵振峰，杨小敏. 从数字城市到智慧城市的理论与实践[J]. 地理空间信息，2011（06）.

[4] 卜子牛. 智慧城市信息服务体系建设研究[D]. 吉林大学，2014.

[5] 陈真勇，徐州川，李清广，等. 一种新的智慧城市数据共享和融合框架-SCLDF[J]. 计算机研究与发展，2014（02）.

作者简介 李林（1985— ），男，广西桂林人，苗族，硕士，主要研究方向为智慧城市建设与应用、互联网文本挖掘、地理编码技术等。

基于成对约束半监督降维的高光谱遥感影像特征提取

钱 进 罗 鼎

（重庆市地理信息中心，重庆 400000）

摘 要 在半监督降维（Semi-supervised Dimensionality Reduction，SSDR）框架下，基于成对约束提出一种半监督降维算法 SCSSDR。利用成对样本进行构图，在保持数据局部结构的同时顾及数据的全局结构。通过最优化目标函数，同类样本更加紧凑，异类样本更加离散。采用 UCI 数据集对算法进行定量分析，发现该方法优于 PCA 及传统流形学习算法，进一步的 UCI 数据集和高光谱数据集分类实验表明，该方法适合于进行分类目的特征提取。

关键词 高光谱遥感 特征提取 半监督降维 分类

1 引 言

随着科技的发展，遥感探测在国民经济、国防建设等领域发挥着越来越重要的作用。遥感技术增强了人类认知世界的能力，使我们能够遥远地、多尺度地准确获取地表信息，为我们认知地球、合理开发利用资源提供了强有力的手段，成为当今最活跃的科技领域之一。高光谱遥感技术的出现更是极大地推动了这一进程，高光谱遥感将分光技术和成像技术融为一体，通过连续获取目标物体在紫外到中红外波段的辐射强度信息，解决了"成像无光谱"和"光谱不成像"的难题，极大地促拓展了高光谱遥感的应用领域及应用可信度。然而相对传感技术的快速发展，遥感数据处理手段显得相对滞后，高光谱海量波段为数据分析提出了新的挑战，高维导致训练样本相对较少，在分类过程中容易陷入"维数灾难"陷阱，因此特征提取和特征选择成为高光数据处理中十分重要的环节。

传统的线性特征提取方法已经广泛应用于高光谱数据特征提取，比较常见的有 PCA、MNF。然而这些算法假设数据位于一个全局线性流形结构，并不适合于处理具有内在非线性结构的数据集。近年来，在机器学习领域蓬勃兴起的流形学习算法已初步应用于高光谱数据的处理，研究者们对高光谱数据特征提取进行了积极的探索，产生了一系列优秀的算法。C.M.Bachmann[1]等人指出高光谱数据具有内在的非线性结构，并优化 Isomap 算法的复杂度用于高光谱遥感数据处理，G.J.Dong 和 Y.C.Chen 等人在处理[2][3]高光谱数据时也使用 Isomap 算法；D.H.Kim 和 Han.T 等人将 LLE 用于处理高光谱数据[4][5]；Qian[6]等人将 LLE 和 LE 算法结合起来用于高光谱特征提取；Anish Mohan[7]将空间特征引入到 LLE 算法中用以进行高光谱数据处理；另外 G.Y.Chen[8]和 Q.Luo[9]等也流形学习算法进行了改进并应用到高光谱数据处理；Kate Burgers[10]等对比分析了流形学习算法在高光谱遥感影像分类、目标检测、混合像元分解中的性能。但是传统流形学习算法计算复杂度高，很难直接应用于大规模的高光谱遥感数据，因此近年来，基于线性映射的方法重新吸引了研究者们的兴趣。Tatyana V.Bandos[11] 等提出了一种正则化的线性判别分析方法用于高光谱数据分类，Rouhollah Dianat 和 Shohreh Kasaei[12]提出一种最小偏差变化率的方法（MCRD），将空间信息引入到 PCA 中，MCRD 可以看作 PCA 的一般形式算法。

然而这些算法都直接对数据进行驱动，并未有效利用样本的监督信息，降维性能仍有提升的空间。实际中，我们面对的数据通常具有少量的类别标签，而要进一步获取全部样本的类别信息，则要花费大量的人力、物力，往往难以实现，于是半监督降维成为了目前的研究热点。

面向分类目的的高光谱数据降维值得深入研究的问题有：（1）在降低数据维数的同时，获取模式间具有最大分离性的数学模型；（2）通过获取或产生监督信息，实现高光谱数据的监督（半监督）维数约简。

文章基于半监督降维（SSDR）[13]框架提出一种新的 SCSSDR 算法用于高光谱遥感数据降维。过引入边约束监督信息，实现模式间具有最大分离性的降维目标，更加适合于高光谱数据的处理。第二章介绍了 SSDR 算法，第三章详细论述了 SCSSDR，第四章通过大量实验证明了算法的有效性及优越性。

2 半监督降维框架（SSDR Framework）

假设矩阵 $X = [x_1, x_2, \cdots, x_n] \in R^D$ 是具有 D 维的 n 个高维观测值向量，对应于高光谱数据每个像元，且具有部分成对约束边界信息（*must-link*，*ML*，*connot-link*，*CL*），约定：

$$M = \{(x_i, x_j) \mid x_i \text{ 与 } x_j \text{ 属于同一类}\}$$
$$D = \{(x_i, x_j) \mid x_i \text{ 与 } x_j \text{ 属于不同类}\}$$

寻求一个变换矩阵 $A = [a_1, a_2, \cdots, a_d] \in R^{D \times d} (D > d)$，使得低维嵌入向量 $Y = A^T X$ 满足 $Y = [y_1, y_2, \cdots, y_n] \in R^d$。最大化目标函数：

$$J(a) = \frac{1}{2n_C} \sum_{(x_i, x_j) \in C} (y_i - y_j)^2 - \frac{\beta}{2n_M} \sum_{(x_i, x_j) \in M} (y_i - y_j)^2$$
$$= \frac{1}{2n_C} \sum_{(x_i, x_j) \in C} (a^T x_i - a^T x_j)^2 - \frac{\beta}{2n_M} \sum_{(x_i, x_j) \in M} (a^T x_i - a^T x_j)^2$$

其中 $a^T a = 1$，$y^T = a^T x$，n_M 与 n_C 分别表示 must-link、cannot-link 数目。考虑未标记样本，重新定义目标函数，并将其进一步整理：

$$J(a) = \frac{1}{2n^2} \sum_{i,j} (a^T x_i - a^T x_j)^2 + \frac{\alpha}{2n_C} \sum_{(x_i, x_j) \in C} (a^T x_i - a^T x_j)^2 -$$
$$\frac{\beta}{2n_M} \sum_{(x_i, x_j) \in M} (a^T x_i - a^T x_j)^2$$
$$\Rightarrow J(a) = \frac{1}{2} \sum_{i,j} (w^T x_i - w^T x_j)^2 S_{ij}$$

测巴渝山水 绘桑梓宏图

其中，仅考虑正约束时（SSDR-M）：

$$S_{ij} = \begin{cases} -\dfrac{\beta}{n_M} & (x_i, x_j) \in M \\ 0 & \text{其他} \end{cases}$$

仅考虑正负约束时（SSDR-CM）：

$$S_{ij} = \begin{cases} -\dfrac{\alpha}{n_C} & (x_i, x_j) \in C \\ -\dfrac{\beta}{n_M} & (x_i, x_j) \in M \\ 0 & \text{其他} \end{cases}$$

考虑正负约束信息及未标记样本（SSDR-CMU）：

$$S_{ij} = \begin{cases} \dfrac{1}{n^2} + \dfrac{\alpha}{n_C} & (x_i, x_j) \in C \\ \dfrac{1}{n^2} - \dfrac{\beta}{n_M} & (x_i, x_j) \in M \\ \dfrac{1}{n^2} & \text{其他} \end{cases}$$

3 SCSSDR 算法

类似于 SSDR，定义损失函数：$Q = \sum\limits_{i,j}(y_i - y_j)^2 W_{ij}$。文中 W 选择热核函数：$W_{ij} = \mathrm{e}^{-\frac{\|x_i - x_j\|^2}{\sigma}}$。

那么对于正约束（must-link）有：

$$\begin{aligned} Q_m &= \sum_{ij}(y_i - y_j)^2 W_{ij}^m = \sum_{ij}(a^{\mathrm{T}}x_i - a^{\mathrm{T}}x_j)^2 W_{ij}^m \\ &= 2\sum_i a^{\mathrm{T}}x_i D_{ii}^m x_i^{\mathrm{T}} a - 2\sum_{ij} a^{\mathrm{T}}x_i W_{ij}^m x_i^{\mathrm{T}} a \\ &= 2a^{\mathrm{T}}X(D^m - W^m)X^{\mathrm{T}}a \\ &= 2a^{\mathrm{T}}XL^m X^{\mathrm{T}}a \end{aligned}$$

式中 W^m 为对称矩阵，D^m 为对角矩阵，其元素为 W^m 的行（列）和，$D_{ii}^m = \sum_j W_{ij}^m$，$L^m = D^m - W^m$ 为图的拉普拉斯矩阵。对于负约束（cannot-link）：

$$\begin{aligned} Q_c &= \sum_{ij}(y_i - y_j)^2 W_{ij}^c = \sum_{ij}(a^{\mathrm{T}}x_i - a^{\mathrm{T}}x_j)^2 W_{ij}^c \\ &= 2\sum_i a^{\mathrm{T}}x_i D_{ii}^c x_i^{\mathrm{T}} a - 2\sum_{ij} a^{\mathrm{T}}x_i W_{ij}^c x_i^{\mathrm{T}} a \\ &= 2a^{\mathrm{T}}X(D^c - W^c)X^{\mathrm{T}}a \\ &= 2a^{\mathrm{T}}XL^c X^{\mathrm{T}}a \end{aligned}$$

同理 $\boldsymbol{D}_{ii}^c = \sum_j \boldsymbol{W}_{ij}^c$，$\boldsymbol{L}^c = \boldsymbol{D}^c - \boldsymbol{W}^c$。面向分类问题的高光谱数据降维后的目标是使得同类样本更加紧凑，异类样本更加离散，即实现如下目标：

$$\begin{cases} \min Q^m \\ \max Q^c \end{cases}$$

为了进一步增强判别信息，按照文献[14]思路，在构图过程中强化连接两个同类样本的边，削弱连接两个异类样本的边。具体地：

若高光谱数据集样本 x_i、x_j 属于同一类（must-link）地物，令 $W_{ij} = 1$；x_i、x_i 有相同的领域点 x_k，令 $W_{ik} = W_{jk} = 1$。

反之，若 x_i、x_j 不属于同一类地物（cannot-link），且 $W_{ij} > 0$，则 $W_{ij} = -1$；x_i、x_i 有相同的领域点 x_k，如果 $W_{ik} \ll W_{jk}$，令 $W_{ik} = 0$，如果 $W_{ik} \gg W_{jk}$，令 $W_{jk} = 0$。

为了利用大量的未标记样本，保留数据集的邻域关系，借助于 LLE，假设数据每个样本点均可由其领域内样本线性逼近，即：

$$x_i \approx \sum A_{ij} x_j \, , \quad \xi(A) = \sum_i | x_i - \sum_j A_{ij} x_j |^2$$

这里 $\sum_{j:x_j \in N(x_i)} A_{ij} = 1$ 为权构矩阵，$N(x_i)$ 表示样本 x_i 的领域点，这里仍然采用 k 近邻搜索策略，若 $x_j \notin N(x_i)$，$A_{ij} = 0$。在低维空间中，定义函数 $Q^r = \xi(A)$，那么：

$$\begin{aligned} Q^r = \xi(A) &= \sum_i | y_i - \sum_j A_{ij} y_j |^2 \\ &= \mathrm{trace}(YMY^\mathrm{T}) \\ &= \mathrm{trace}(a^\mathrm{T} X M X^\mathrm{T} a) \end{aligned}$$

$\boldsymbol{M} = (\boldsymbol{I} - \boldsymbol{A})^\mathrm{T}(\boldsymbol{I} - \boldsymbol{A})$，$\boldsymbol{I}$ 为单位矩阵。

为了抑制小样本时出现的过训练现象，采用协方差矩阵 $\boldsymbol{S}_t$ 对目标函数进行约束：

$$\begin{aligned} \boldsymbol{S}_t &= \frac{1}{n} \sum_{i=1}^n (x_i - \overline{x})(x_i - \overline{x})^\mathrm{T} \\ &= \frac{1}{n} X \left(I - \frac{1}{n} e e^\mathrm{T} \right) X^\mathrm{T} \end{aligned}$$

最终目标函数写为如下形式：

$$\begin{cases} \max Q^c \\ \min Q^m \\ \min Q^r \\ \text{s.t. } w^\mathrm{T} \boldsymbol{S}_t w = \boldsymbol{I} \end{cases} = \begin{cases} \max a^\mathrm{T} X \boldsymbol{L}^c X^\mathrm{T} a \\ \min a^\mathrm{T} X \boldsymbol{L}^m X^\mathrm{T} a \\ \min a^\mathrm{T} X \boldsymbol{M} X^\mathrm{T} a \\ \text{s.t. } w^\mathrm{T} \boldsymbol{S}_t w = \boldsymbol{I} \end{cases}$$

通过变换，目标函数的求解可以转化为求解广义特征值问题：

$$X(\hat{L} + S_t) X^\mathrm{T} w = \lambda X M X^\mathrm{T} w, \ \hat{L} = L^c - L^m$$

求解上式中 d 个最大非零特征值 $\boldsymbol{\lambda} = [\lambda_0, \lambda_1, \cdots, \lambda_{d-1}]$，其对应的特征向量 $\boldsymbol{W} = [w_0, w_1, \cdots, w_{d-1}]$ 即为投影变换矩阵 $\boldsymbol{W}$。

4 实验与讨论

4.1 算法主观评价

实验部分对比了 SCSSDR 与 PCA 及几种经典流形学习算法的降维性能。首先从 UCI 数据集中选取 Glass 与 Air 进行二维投影。其中 Glass 具有 9 个特征，214 个样本，6 个类别；Air 有 64 个特征，359 个样本，3 个类别。分别采用 PCA、Isomap、LLE、LE、LTSA、SCSSDR 将两个数据集投影到二维空间，观察样本分布情况，采用随机颜色填充"。"表示不同类别样本，近邻参数 k 取 12，$ML = CL = 20$。限于篇幅，图 1 仅给出了 Glass 数据集实验结果。两个数据集的 SCSSDR 二维投影都较为分散，说明经 SCSSDR 降维后特征中并无明显占绝对优势的分量，低维空间中各个分量都发挥其优势。在 Glass 数据集上经 Isomap、LLE、LTSA 降维后、Air 的数据集经 Isomap、LTSA 降维后的数据严重重叠，说明传统流形学习算法虽然考虑了局部近邻信息，但受数据集本身显著特征影响，效果不一定优于全局 PCA。

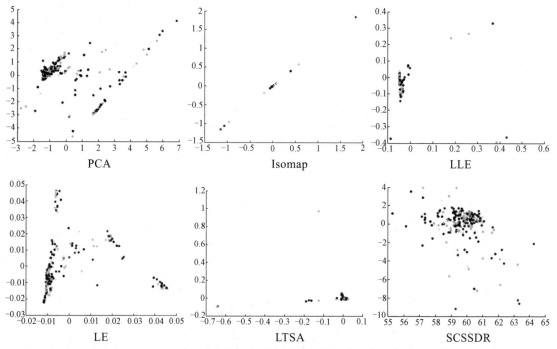

图 1 Glass 数据集几种不同降维方法的 2 维结果

4.2 算法定量分析

采用 Junping Z 等定义的指标定量分析半监督算法的降维性能，文献[15]对各个指标的含义有详细的论述。实验采用"S-curves"人工合成数据集与 UCI（Glass、Air）数据集对比分析了 PCA、Isomap、LLE、LE、LTSA、SCSSDR 六种算法的降维性能。图 2 给出 S-curves 数据集六种算法二维嵌入结果主传播方向（PSD）可视化结果，表 1、2、3 分别为详细的定量评价的结果。

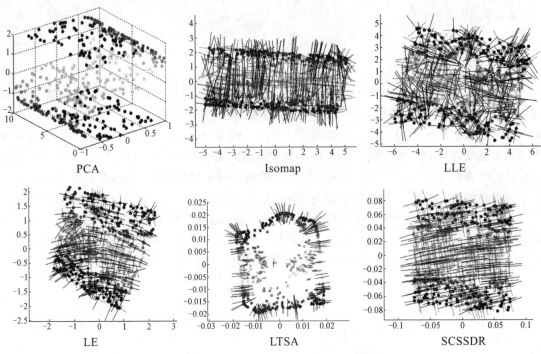

PCA Isomap LLE

LE LTSA SCSSDR

图 2　S-curves 数据集 PSD 可视化结果

表 1　几种算法在 S-curves 数据集上的定量分析

项目	S-curves：3 维，500 个样本，$d=2$，近邻参数 12				
	NPR	ALCD	ALSTD	ALED	GSCD
PCA	0.691 0	0.957 0	0.162 0	0.480 0	0.169 5
Isomap	0.882 5	0.909 0	0.114 0	0.367 0	0.127 9
LLE	0.837 3	0.981 0	0.093 2	0.295 0	0.096 7
LE	0.721 3	0.944 0	0.451 0	1.480 0	0.480 2
LTSA	0.851 5	0.998 0	0.022 6	0.073 7	0.022 6
SCSSDR	**0.478 5**	**1.000 0**	**3.95e-04**	**1.26e-04**	**3.9466e-005**

表 2　几种算法在 Glass 数据集上的定量分析

项目	Glass：9 维，214 个样本，$d=2$，近邻参数 12				
	NPR	ALCD	ALSTD	ALED	GSCD
PCA	0.484 8	0.981 0	0.007 3	0.023 3	0.007 7
Isomap	0.213 4	0.992 0	N/A	N/A	N/A
LLE	0.358 6	0.999 0	0.069 2	0.216 0	0.068 9
LE	0.473 1	0.991 0	0.094 0	0.292 0	0.096 9
LTSA	0.412 4	**1.000 0**	N/A	N/A	N/A
SCSSDR	0.459 1	**1.000 0**	0.008 4	0.025 4	0.008 5

测巴渝山水　绘桑梓宏图

表 3　几种算法在 Air 数据集上的定量分析

项目	Air：64 维，359 个样本，$d=2$，近邻参数 12				
	NPR	ALCD	ALSTD	ALED	GSCD
PCA	0.256 3	**1.0**	0.47	1.39	0.470 4
Isomap	0.172 0	**1.0**	N/A	N/A	N/A
LLE	0.214 0	0.997	0.038 6	0.124	0.039 5
LE	0.351 9	0.958	0.443	1.43	0.461 2
LTSA	0.353 1	**1.0**	0.017 1	0.044 4	0.017 2
SCSSDR	0.301 3	**1.0**	**0.003 36**	**0.011**	**0.003 4**

显而易见，在"S-curves"数据集上，SCSSDR 取得了很好的投影结果，表 1 定量显示了 5 个指标全面占优，ALCD 取得了最大值 1，略高于其他 5 种算法，NRP 值为 0.478 5，较 0.691 0 低了 0.212 5，另外三个指标更是低了三个数量级。在 Glass 数据集上 ALCD 值经 LTSA、SCSSDR 降维同时取得 1，其他四个指标最优值分别出现在不同算法中，但 SCSSDR 仍然获得较好表现。在 Air 数据集上 SCSSDR 在 ALSTD、ALED、GSCD 四项指标上较其他 几种算法占优，ALCD 值在 PCA、Isomap、LTSA、SCSSDR 均达到最大值 1，NPR 值仅优于 LLE、LTSA。

为了进一步考察 SCSSDR 在面向分类问题时的表现，选取 5 种 UCI 数据集，采用 $K-NN$ 分类器进行对比试验分析，表 4 为实验选用的 5 种数据集的特征属性，采用 MLE[16] 算法估计 数据的本征维数，表 5 为对应的分类识别情况。其中在 Iris 数据集上，SCSSDR 达到与 PCA 相同的最高分类精度 96.7%，在 Sonar 数据集上，达到与 LLE 相同的最高分类精度 84.3%，在 Air 和 Dnatest 数据集上的识别精度高于其他几种算法，在 Wine 数据集上，几种算法的分 类识别精度都较高，均在 90%以上，且 SCSSDR 的识别精度不如 PCA、LLE、LE、LTSA，仅优于 Isomap，但是 SCSSDR 获得了最高的平均识别精度。几种传统流形学习算法中，LLE 和 LE 的识别精度较高，与 PCA 相当，LTSA 次之，Isomap 获得最低的识别精度，不利于分 类。由实验结果可知传统流形学习算法在面向分类问题时并不是总优于传统全局线性降维方 法 PCA，当数据集不存在非线性结构，流形学习参数选择不当，以及训练样本不足的情况下 流形学习并非最佳选择。

表 4　实验选用的 UCI 数据集特征

数据集	采样数	类别数	维数	MLE 估计结果
Iris	150	3	4	3.100 2
Dnatest	1 186	3	180	42.490 7
Air	359	3	64	5.742 8
Wine	178	3	12	1.826 7
Sonar	208	2	60	6.570 2

表 5　UCI 数据集分类识别精度

项目	分类器：K-NN，近邻参数 12					
	PCA	Isomap	LLE	LE	LTSA	SCSSDR
Iris	**96.7%**	73.3%	93.3%	95.0%	80.0%	**96.7%**（ML：50，CL：50）
Dnatest	83.6%	73.3%	82.1%	82.3%	69.7%	**85.4%**（ML：200，CL：100）
Air	84.0%	68.5%	84.5%	81.2%	83.1%	**86.7%**（ML：190，CL：100）
Wine	**98.8%**	93.9%	**98.8%**	96.3%	97.6%	96.3%（ML：150，CL：50）
Sonar	79.4%	66.7%	**84.3%**	80.4%	77.5%	84.3%（ML：150，CL：50）
平均识别精度	88.5%	75.1%	88.6%	87.0%	81.6%	**89.9%**

4.3　高光谱数据实验

实验数据为著名的印第安纳西北部的 AVIRIS 测试数据。影像大小145×145，去除 20 个水汽吸收波段：[104-108]、[150-163]、2 20。和 4 个空波段：[band1（0.370 49 μm）、band33（0.666 02 μm）、band97（1.254 25 μm）、band161（1.879 13 μm）]，保留了 200 个波段进行实验。区域内包括 2/3 农作物，1/3 森林及部分天然常生植物，并有一条双车道高速路，一条铁路和一些不明显的建筑物及小路。影像获取时间在 6 月份，农作物处于生长期，大豆、玉米覆盖率等不足 5%，区域内共包括 16 类地物。裁剪如图 2 两组数据集进行实验，为方便叙述，在此将其分别命名为 data1 和 data2，分别包含 4 类、6 类地物。实验涉及的降维方法有 PCA、LLE、LE、SCSSDR，近邻参数 k 取 12。使用的分类器有最小距离分类器（misDis）、1－NN 分类器和支持向量机（SVM），实验前对样本进行归一化处理。选取每类 30%样本作为训练样本，余下样本为测试样本，SVM 采用台湾大学林智仁教授开发的 LIB-SVM。

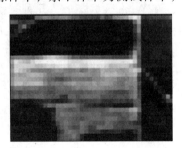
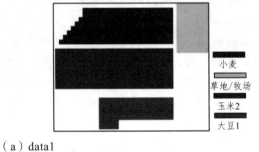

（a）data1

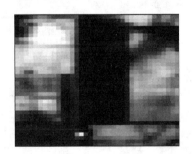
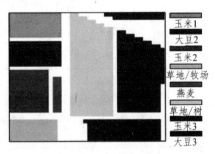

（b）data2

图 3　AVIRIS 实验数据及真实地面标记

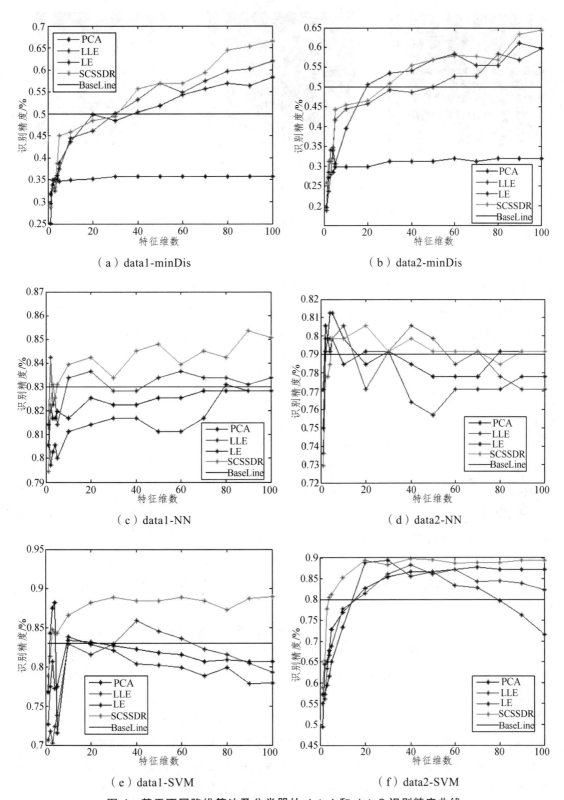

（a）data1-minDis

（b）data2-minDis

（c）data1-NN

（d）data2-NN

（e）data1-SVM

（f）data2-SVM

图 4　基于不同降维算法及分类器的 data1 和 data2 识别精度曲线

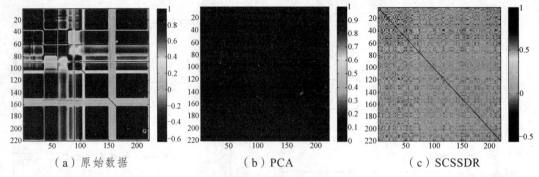

(a) 原始数据　　　　　　(b) PCA　　　　　　(c) SCSSDR

图 5　AVIRIS 数据相关性分析

图 3 为本次实验使用的数据，图 4 为分类识别结果，图 5 对比了 AVIRIS 数据集原始波段相关性、PCA 降维分量相关性、SCSSDR 降维分量相关性。有如下直观认识：

（1）两个数据集基于 PCA 降维的 minDis 识别精度保持在较低水平，且基本不随特征维数的变化而变化，分别保持在 35%、30%左右；在 $1-NN$ 上的表现仅优于 LE 算法；在 SVM 上表现出基本相当的趋势，在较低维子空间 PCA 表现略胜一筹。

（2）两种传统流形学习算法在三个分类器上的表现大致一致；SCSSDR 一般优于 PCA 及 LLE、LE，特别是在 data1-NN，data1-SVM，data2-SVM 上尤为突出。

（3）minDis 整体识别精度不高，除 PCA 外，随特征维数增加普遍上升，波动范围较大；两个数据集在 $1-NN$ 上的识别精度变化不大，且不随特征维数的增加表现出明确的上升趋势；SVM 在两个数据集上的识别精度普遍较高，随特征维数变化趋势明显。

通过上述认识我们可以得到如下评价：

（1）PCA 算法虽然易于执行，但是不适合于处理具有内在非线性结构的数据，其优势一般体现在低维子空间，随着特征维数的增加，表现一般不如流形学习。说明 PCA 降维后数据特征由某些绝对优势分量占据。相对而言，流形学习后续分量也能对分类任务提供潜在信息，能够很好地发现数据的内在结构。但是，流形学习涉及参数选择问题，性能不稳定。

（2）SCSSDR 面向分类问题设计，在大多数时候都能得到最好的识别精度，说明 SCSSDR 有效利用了数据集的先验信息，适合于分类任务。但是图 4 也显示受不同数据集与分类器影响，这种优势并非绝对。

（3）分类精度不仅受特征提取算法与特征维数影响，分类器的影响也很大。data1 与 data1 不管基于何种特征提取算法，在 $1-NN$ 上的识别精度较为稳定，说明 $1-NN$ 较 minDis 与 SVM 对特征提取算法不敏感。minDis 原理过于简单，不能有效分离出距离很近的异类样本，所以性能较差。SVM 表现最好，是一种优秀的分类器。建议在实际任务中，要充分考虑算法、特征维数与分类器之间的关系，设置合理的参数才能得到可靠的结果。

（4）高光谱数据波段之间存在强相关关系，不管基于哪一种降维方法，都能削弱这种相关性，有效降低数据冗余，减少数据量。PCA 要求各个分量之间相互垂直，所以降维后分量之间相互独立 [图 5（b）]，SCSSDR 及其他流形学习算法不具备这种性质。综上证明了 SCSSDR 是一种优秀的数据降维方法。

测巴渝山水　　绘桑梓宏图

5 结 语

本文在半监督降维框架下，面向分类目的，提出一种适合于高光谱数据降维算法 SCSSDR，并用于高光谱数据处理。采用 UCI 数据集的二维嵌入实验及分类实验对算法进行了定量分析，发现 SCSSDR 较 PCA 及传统非监督流形学习算法表现出较大优势。采用两组高光谱数据进行实验，得到了较为理想的结果，说明 SCSSDR 是一种有效的数据降维算法。

参考文献

[1] BACHMANN C M, AINSWORTH T L, FUSINA R A. Exploiting Manifold Geometry in Hyperspectral Imagery[J]. IEEE Transactions on Geoscience and Remote Sensing, 2005, 43（3）: 441-454.

[2] DONG GUANJUN, ZHANG YONGSHENG, JIN SONG. Dimensionality Reduction of Hyperspectral data Based on ISOMAP Algorithm[C]. Proceedings of the 8th International Conference on Electronic Measurement and Instruments. Washington, DC: IEEE ComputerSociety, 2007: 935-938.

[3] CHEN YANGCHI, CRAWFORD M M, GHOSH J. Applying Nonlinear Manifold Learning to Hyperspectral data for Land Cover Classification[C]. IGARSS'05: Proceedings of the 2005 IEEE International Geoscience and Remote Sensing Symposium. Washington, DC: IEEE Computer Society, 2005: 24-29.

[4] KIM D H, FINKEL H. Hyperspectral Image Processing using Locally Linear Embedding[C]. Proceedings of the First International IEEE EMBS Conference on Neural Engineering. Washing, DC: IEEE Computer Society, 2003: 316-319.

[5] HAN TIAN, GOODENOUGH D G. Nonlinear Feature Extraction of Hyperspectral data Based on Locally Linear Embedding[C]. IGARSS'05: Proceedings of 2005 IEEE International Geoscience and Remote Sensing Symposium. Washington, DC: IEEE Computer Society, 2005: 1237-1240.

[6] QIAN SHENEN, CHEN GUANGYI. A New Nonlinear Dimensionality Reduction method with application to Hyperspectral image Analysis[C]. IGARSS'07: Proceedings of the 2007 IEEE International Geoscience and Remote Sensing Symposium. Washington, DC: IEEE ComputerSociety, 2007: 270-273.

[7] ANISH M, GUILLERMO S, EDWARD B. Spatially Coherert Nonlinear Dimensionality Reduction and Segmentation of Hyperspectral Images. IEEE Geoscience Remote Sensing Letters, 2007, 4（2）: 206-210.

[8] CHEN GUANGYI, QIAN SHENEN. Dimensionality Reduction of Hyperspectral Imagery using Improved Locally Linear Embedding[J]. Journal of Applied Remote Sensing, 2007, 1: 013509.

[9] LUO QIN, ZHENG TIAN, ZHAO ZHIXIANG. Shrinkage-divergence-proximity Locally Linear Embedding Algorithm for Dimensionality Reduction of Hyperspectral Image[J]. Chiness Optics Letters, 2008, 6（8）: 16-18.

[10] KATE B, YOHANNES F, SHEIDA R, et al. A Comparative Analysis of Dimension Reduction Algorithms on Hyperspectral Data. University of California, Los Angeles, United States, Report, August 7, 2009.

[11] TATYANA V B, LORENZO B, GUSTAVO C V. Classification of Hyperspectral Images With Regularized Linear Discriminant Analysis[J]. IEEE Transactions on Geoscience and Remote Sensing, 2009, 47（3）: 862-873.

[12] ROUHOLLAH D, SHOHREH K. Dimension Reduction of Optical Remote Sensing Images via Minimum Change Rate Deviation Method[J]. IEEE Transactions on Geoscience and Remote Sensing, 2010, 48（1）: 198-206.

[13] ZHANG DAOQIANG, ZHOU ZHIHUA, CHEN SHIGUO. "Semi-supervised dimensionality reduc-tion," in Proc. 7th SIAM Int. Conf. Data Mining （SDM）, Minneapolis, MN, Apr. 2007: 629-634.

[14] CEVIKALP H, VERBEEK J, JURIE F, et al. 'Semi-supervised dimensionality reduction using pairwise equivalence constraints'. Proc. Int. Conf. on Computer Vision Theory and Applications, Funchal, Madeira Is. , 2008.

[15] ZHANG JUNPING, WANG QI, HE LI, et al. Quantitative Analysis of Nonlinear Embedding[J]. IEEE Transactions on Neural Networks, 2011, 22（12）: 1987-1998.

[16] LEVINA E, BICKEL P J. Maximum Likelihood Estimation of Intrinsic Dimension[C]. In Proceedings of Neural Information Proeessing System(NIPS'2005), 2005: 777-784.

基于 AMSR-E 数据反演华北平原冬小麦单散射反照率

吴凤敏[1]　柴琳娜[2]　张立新[2]　蒋玲梅[2]　杨俊涛[2]

（1. 重庆市地理信息中心，重庆 401121；

2. 遥感科学国家重点实验室，北京师范大学/中科院遥感应用研究所，北京 100875）

摘　要　本文首先基于冬小麦不同生育期的地面实测参数，构建了组成冬小麦冠层的、包括不同尺寸和含水量的介电散射体模拟数据库，并在此基础上，建立冬小麦单散射反照率和光学厚度分别在 C（6.925 GHz）和 X（10.65 GHz）波段之间的依赖关系，然后根据一阶参数化模型推导得到的微波植被指数（Microwave Vegetation Indices，MVIs）的物理表达式，结合 AMSR-E 被动微波亮温数据，反演华北平原地区冬小麦不同生育期的单散射反照率。与 MODIS 日归一化差异植被指数（Normalized Difference Vegetation Index）的对比结果显示：冬小麦单散射反照率随时间的变化趋势与 NDVI 随时间的变化趋势大致相同，在冬小麦返青期到孕穗期，NDVI 对冬小麦生长变化比较敏感，而从抽穗期到乳熟期单散射反照率则比较敏感，两者在指示冬小麦生长方面具有一定的互补作用。

关键词　一阶辐射传输理论　参数化模型　单散射反照率　被动微波

1　引　言

小麦是我国主要粮食作物之一，历年种植面积占全国耕地总面积的 22%～30%，其中冬小麦占小麦总产量的绝大部分。对我国冬小麦进行实时动态监测，不仅可以及时了解其生长、营养状况及土壤墒情、肥力，便于采取各种管理措施，保证小麦的正常生长；同时可以及时掌握大风、降水等天气现象对冬小麦生长的影响，评估自然灾害、病虫害等对产量可能造成的损失（武建军，2002；朱洪芬，2008；王来刚，2011）。

传统的农作物遥感监测方法主要是利用光学遥感技术，基本原理是根据绿色植被在不同波段对光谱的响应特征差异，通过收集、分析各种农作物不同的光谱特征，利用卫星传感器记录地表信息、辨别农作物类型，提取不同农作物的植被指数信息，从而建立植被指数与农作物之间的相关关系（侯志研，2007）。然而光学遥感受天气状况影响较大，难以获得实时遥感影像资料，在农作物长时间序列监测上有较大的限制，并且光学遥感获取到的只是植被的表层信号，不能获取冠层以下的植被结构信息（蔡爱民，2010）。

与光学传感器相比，微波传感器受天气影响较小，具有全天时、全天候、高时间分辨率等优势，并且可以穿透较厚的植被层，探测到植被冠层及冠层以下的植被结构信息，在陆表植被监测方面具有一定的优势（鹿琳琳，2008）。目前，利用被动微波遥感技术监测陆表植被主要是基于各种经验或半经验模型展开（Paloscia S，1984；Bouman B，1990；Inoue Y，2002；Singh D，2007），时空拓展性较差，精度也较低。而基于微波散射/辐射物理机制所发展的植被模型（Ulaby，1981；Mo，1982；Fung，1994；Ferrazzoli，1995），尽管模拟精度较高，但通常形式复杂，难以直接应用于植被反演。这是目前微波遥感陆表植被监测所面临的一个主要矛盾。近年来，针对特定的研究对象，通过高精度的物理模型模拟建立包括各种情况的微波辐射模拟数据库，在模拟数据的基础上，发展精度较高、形式相对简单的参数化模型成为地表参数反演中提高反演精度，降低反演难度的一个有效解决方法（Shi，2002，2005；Jiang，2007；Chen，2010；Chai，2010a）。

在以往的植被参数反演中，应用最为广泛的是植被覆盖地表的零阶辐射传输模型（Mo，1982；Fung，1994），而零阶模型由于将植被层看作一层均匀的介质，没有考虑植被层内部的体散射贡献，仅适用于低频波段或者稀疏植被情况。一阶辐射传输模型考虑了植被层内一次体散射信号，与零阶模型相比具有更高的模拟精度，可以在更大范围内很好地描述植被覆盖地表的微波辐射情况，基本可以满足低矮植被覆盖地表情况。但一阶模型的表达式相对比较复杂，很难应用到遥感卫星尺度范围内的参数反演中。针对这一情况，柴琳娜等（Chai，2010a）基于低矮植被类型和 AMSR-E 传感器的参数设置构建了植被散射体模拟数据库，根据模拟数据发展了一阶参数化模型，并对参数化模型的模拟精度进行了验证。冬小麦是属于低矮农作物类型，电磁波的散射和衰减特性主要受小麦叶片影响（王芳，2011），而麦秆的作用较小，因此一阶参数化模型能够较为准确地描述冬小麦覆盖地表的微波辐射情况。在本研究中，也主要利用一阶参数化模型对冬小麦单散射反照率的进行反演。

单散射反照率是描述植被层微波响应特性的一个关键参数，与植被层的散射、吸收特性直接相关，并且随着植被的生长逐渐增大。精确获取冬小麦不同生育期的单散射反照率，对于冬小麦的长势监测具有重要参考价值。在本研究中，面向 AMSR-E 的参数配置，基于模型模拟所建立的冬小麦单散射反照率及光学厚度分别在 C（6.925 GHz）和 X（10.65 GHz）波段之间的依赖关系，与由一阶参数化模型推导得到的微波植被指数（Microwave Vegetation Indices，MVIs）（Shi，2008）物理表达式一起，构建反演方程组，从而利用 AMSR-E 被动微波亮温数据反演华北平原冬小麦不同生育期（返青期、起身期、拔节期、孕穗期、抽穗期、开花期、灌浆期和乳熟期）的单散射反照率。与 MODIS 归一化差异植被指数（Normalized Difference Vegetation Index，NDVI）的对比结果显示：冬小麦单散射反照率随时间的变化趋势与 NDVI 随时间的变化趋势大致相同，在冬小麦返青期到孕穗期，NDVI 对冬小麦生长变化比较敏感，而从抽穗期到乳熟期单散射反照率则比较敏感，两者在指示冬小麦生长方面具有一定的互补作用。

2　研究区与数据介绍

2.1　研 究 区

本文的研究区设在华北平原（32°-40°N，112°-120°E），亦称黄淮海平原，是我国第二大平原，位于黄河下游。它西起太行山和伏牛山，东到黄海、渤海和山东丘陵，北依燕山，南到淮河，跨越河北、山东、河南、安徽、江苏、北京、天津等省市以及山西的局部地区，面积达 30 万平方千米。被动微波数据空间分辨率较低，像元内往往存在多种地物混合。华北平原地势平坦，总面积约 32 万平方千米，土地利用类型单一，根据欧空局提供的 2009 年全球陆地覆盖 300 m 分辨率数据显示，该地区土地覆盖类型主要为农用地和城镇用地，其中农用地主要分为旱作农田和水田，旱作农田约占总面积的 75%，水田约占 5%，城镇用地约占 6%，另外还有较少面积的森林、草地和水体等。华北平原地区主要农作物类型为冬小麦和夏玉米，还种植棉花、大豆等经济作物。其中，春、夏两季地面主要植被覆盖为冬小麦（图 1），占华北平原总面积的 30% 左右，非常有利于冬小麦单散射反照率反演研究的开展。（赵晶晶，2010）

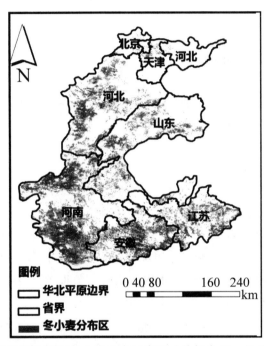

图 1　2010 年华北平原冬小麦分布示意图（数据来源：赵晶晶，2010）

2.2　数　据

本研究中，用于冬小麦单散射反照率反演的主要卫星数据为搭载于 AQUA 卫星上的 AMSR-E 在 C 和 X 两个频率 V/H 极化的每日亮温数据（L2A），时间范围为 2010 年 3 月 1 日至 5 月 31 日。该产品空间分辨率为 25 km × 25 km，观测角为 55°，投影方式为等经纬度投影。同时，搭载在同一颗卫星上的 MODIS 地表温度产品（MYD11C1）、反射率产品（MYD09CMG）和云覆盖产品（MYD10C1）等也被用于辅助冬小麦单散射反照率的反演及结果验证。其中，MYD11C1 用于提取冬小麦覆盖地表的物理温度，MYD09CMG 用于计算华北平原冬小麦覆盖区每日 NDVI，从而对单散射反照率反演结果进行对比验证，MYD10C1 则用于对每日 NDVI 进行筛选，过滤有云覆盖的数据，从而获取一套高质量的 NDVI 验证数据集。它们的投影方式均为等经纬度投影，空间分辨率为 5 km×5 km。此外，所使用数据还包括由中国科学院对地观测与数字地球科学中心提供的 2010 年华北平原冬小麦分布图（图 1），空间分辨率为 250 m×250 m（赵晶晶，2010）。

研究表明，冬小麦与其他农作物（如玉米、棉花和大豆等）相比在两个时期有着十分显著的差异。其一是每年的 10 至 11 月，其他作物生长活性逐渐降低，表现在 NDVI 曲线呈下降趋势，而该时段为冬小麦秋播至出苗阶段，生物量逐渐增大，NDVI 曲线呈上升趋势；另一阶段是在每年 5 至 6 月，其他作物生长发育日渐旺盛，生物量增大，NDVI 曲线呈上升趋势，而该时段处于冬小麦抽穗至成熟阶段，由生长的最旺期急剧降至最低点，NDVI 曲线呈下降趋势。因此，根据冬小麦特殊的 NDVI 实相特征曲线，可以提取其覆盖面积（姜立鹏，2006）。

本工作所用到的 2010 年华北平原冬小麦覆盖面积数据就是根据冬小麦特殊的 NDVI 实相特征曲线进行提取的，它主要选取了冬小麦挑旗、抽穗、开花、收割，4 个生育期共 5 个时相的 NDVI 数据（2010 年 4 月 7 日到 7 月 11 日）。该套冬小麦覆盖面积数据已基于 Landsat TM 卫星数据进行了精度验证，验证样区面积占华北平原总面积的 20.3%，总体精度高达 87.2%（赵晶晶，2010）。

3 模型与方法

华北平原冬小麦单散射反照率的反演主要包括两部分工作（图 2）。一方面是依据不同生育期冬小麦的地面实测结构参数确定其动态变化范围，从而根据该范围建立单散射体模拟数据库，并获取冬小麦单散射反照率和光学厚度分别在 C 和 X 波段之间的依赖关系；另一方面是结合 AMSR-E 亮温数据（L2A）和 MODIS 地表温度数据（MYD11C1）等，基于 MVIs 在一阶参数化模型下的物理表达式（Chai 等，2010），反演华北平原冬小麦单散射反照率。反演结果将基于由 MODIS 反射率产品计算得到的日 NDVI 数据进行对比与验证。

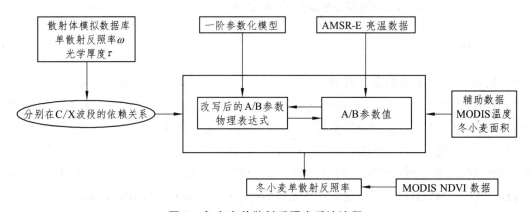

图 2　冬小麦单散射反照率反演流程

3.1 一阶参数化模型

植被微波辐射的一阶参数化模型（Chai 等，2010a）是针对 AMSR-E 传感器的参数配置，在一阶辐射传输模型基础上发展得到的。它以相对简单的多项式形式给出，克服了一阶辐射传输模型的微积分方程形式在直接用于地表参数反演时的困难，相对于常用于反演地表参数的零阶辐射传输模型，一阶参数化模型具有较高的模拟精度。

一阶辐射传输模型将地面之上分为两层：土壤层和植被层，植被层则假设为由随机均匀分布的介电散射体组成，模型考虑了植被层内部的一次散射情况，将地面之上观测到的辐射亮温简化为 4 部分组成：植被层自身的辐射亮温 D，经植被层衰减后的地表辐射亮温 AG，植被地表的相互作用项 SG，以及体散射项 V，体散射项主要包括来自地表的贡献 V_{grd} 和植被自身的贡献 V_{veg}（图 3）。

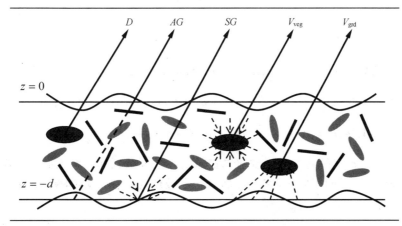

图 3　植被覆盖地表的一阶辐射传输过程的几何表达

一阶辐射传输模型表达式为：

$$Tb = D + AG + SG + V \tag{1}$$

其中模型的前两项可以表示为：

$$D = (1-\omega)\cdot(1-\Gamma)\cdot T_{veg} \tag{2}$$

$$AG = \varepsilon_{grd}\cdot\Gamma\cdot T_{grd} \tag{3}$$

上式中，$\Gamma = \exp(-\tau/\cos\theta)$，为植被层的透过率，它是植被层光学厚度 τ 和观测角度 θ 的函数，ω 为植被层的单散射反照率，ε_{grd} 为土壤发射率，T_{veg} 和 T_{grd} 分别表示植被和土壤的物理温度。

由于模型的后两项表达形式非常复杂，不适用于卫星尺度的反演工作，因此柴琳娜在 2010 年发展了一阶参数化模型来解决这一难题。参数化的重点是植被和地表的相互作用项以及体散射项（V_{veg} 和 V_{grd}）。参数化模型主要针对长势情况较好（植被的含水量大于 40%）的低矮植被类型建立植被散射体模拟数据库，通过模拟数据分析发现，虽然植被和地表的相互作用项较为复杂，但与零阶辐射传输模型中植被与地表相互作用项基本成 1：1 关系，并且相关系数在 0.95 以上，因此可以用零阶模型中的计算公式来表达：

$$SG = (1-\omega)\cdot(1-\varGamma)\cdot(1-\varepsilon_{\text{grd}})\cdot T_{\text{veg}}\cdot\varGamma \qquad (4)$$

体散射项则从地表的贡献 V_{grd} 和植被自身的贡献 V_{veg} 分别进行考虑。通过数据分析发现，$\dfrac{V_{\text{veg}}}{\omega D}$ 和 $\dfrac{V_{\text{grd}}}{\omega AG}$ 的值均与单散射反照率有非常好的关系，定义两个函数 $F(\omega,\tau)$ 和 $G(\omega,\tau)$，并假设它们分别满足：

$$V_{\text{veg}} = F(\omega,\tau)\cdot\omega\cdot D \qquad (5)$$

$$V_{\text{grd}} = G(\omega,\tau)\cdot\omega\cdot AG \qquad (6)$$

其中，$F(\omega,\tau)$ 和 $G(\omega,\tau)$ 则均是单散射反照率 ω 和光学厚度 τ 的多项式函数。

将方程（2）～（6）代入方程（1），通过整理方程，可以将一阶参数化模型表示为地表发射率的线性函数（$V_{\text{e}}(\omega,\tau)$ 和 $V_{\text{t}}(\omega,\tau)$ 仅与单一频率 f 下植被层的单散射反照率 ω 和光学厚度 τ 有关）：

$$Tb = V_{\text{e}}(\omega,\tau) + V_{\text{t}}(\omega,\tau)\cdot\varepsilon_{\text{grd}} \qquad (7)$$

通过参数化回归，可以假设 $V_{\text{e}}(\omega,\tau)$ 和 $V_{\text{t}}(\omega,\tau)$ 形如下式：

$$V_{\text{e}}(\omega,\tau) = [1 + p_1\cdot e^{-\tau} + p_2\cdot(1-e^{-\tau})\cdot\omega]\cdot(1-\omega)\cdot(1-e^{-\tau})\cdot T_{\text{veg}} \qquad (8)$$

$$V_{\text{t}}(\omega,\tau) = [(1 + q_1\cdot\omega\cdot\tau)\cdot T_{\text{grd}} - q_2\cdot(1-\omega)\cdot(1-e^{-\tau})\cdot T_{\text{veg}}]\cdot e^{-\tau} \qquad (9)$$

其中，p_1,p_2,q_1,q_2 是待定系数。通过植被散射体模拟数据库，利用最小二乘法进行回归分析得基于介电圆片模拟的适用于冬小麦的 4 个参数值为：$p_1 = 0.994\,983$，$p_2 = 0.872\,825$，$q_1 = 1.372\,111$，$q_2 = 1.062\,948$。

3.2 基于参数化模型的 MVIs

根据植被的一阶参数化模型可知，观测到的亮温可以表示成两个分量组成的地表发射率的线性函数（公式（7）），因此在给定频率 f 和极化方式 p 下，观测亮温可以表示成：

$$\varepsilon_{\text{p}}(f) = \frac{T_{\text{B}p}(f) - V_{\text{e}}(f)}{V_{\text{t}}(f)} \qquad (10)$$

2008 年施建成等人（Shi，2008）发现，裸土表面发射率与 AMSR-E 的两个相邻频率基本呈线性相关，因此裸土表面发射率可以用两个相邻频率来表达：

$$\varepsilon_{\text{p}}(f_2) = a(f_1,f_2) + b(f_1,f_2)\cdot\varepsilon_{\text{p}}(f_1) \qquad (11)$$

其中，$a(f_1,f_2)$ 和 $b(f_1,f_2)$ 与极化方式无关，只依赖于频率。根据 AIEM 模拟数据库，可以计算出 AMSR-E 传感器中两个参数两相邻频率下的值，针对 C 和 X 波段，a（C，X）$= 0.022$，b（C，X）$= 0.985$。

结合两个相邻的 AMSR-E 频率下的地表发射率，就可以得到：

$$\frac{T_{\text{B}p}(f_2) - V_{\text{e}}(f_2)}{V_{\text{t}}(f_2)} = a(f_1,f_2) + b(f_1,f_2)\frac{T_{\text{B}p}(f_1) - V_{\text{e}}(f_1)}{V_{\text{t}}(f_1)} \qquad (12)$$

通过对上式进行化简可以得到：

$$T_{Bp}(f_2) = A_p(f_1, f_2) + B_p(f_1, f_2) \cdot T_{Bp}(f_1) \tag{13}$$

因此，基于一阶参数化模型得到的 MVIs 的 A、B 参数物理表达式如下：

$$B_p(f_1, f_2) = b(f_1, f_2) \cdot \frac{V_t(f_2)}{V_t(f_1)} \tag{14}$$

$$A_p(f_1, f_2) = a(f_1, f_2) \cdot V_t(f_2) + V_e(f_2) - B_p(f_1, f_2) \cdot V_e(f_1) \tag{15}$$

3.3 反演方程组构建

一方面，基于一阶参数化模型可以得到 MVIs 的 A、B 参数物理表达（公式（14）、（15）），另一方面，A、B 参数还可以通过 AMSR-E 两个相邻频率的极化差计算得到：

$$B(f_1, f_2) = \frac{T_{Bv}(f_2) - T_{Bh}(f_2)}{T_{Bv}(f_1) - T_{Bh}(f_1)} \tag{16}$$

$$A(f_1, f_2) = \frac{1}{2} \cdot [T_{Bv}(f_2) + T_{Bh}(f_2) - B(f_1, f_2) \cdot (T_{Bv}(f_1) + T_{Bh}(f_1))] \tag{17}$$

因此，可以通过 A、B 参数构建新的方程如下：

$$b(f_1, f_2) \cdot \frac{V_t(f_2)}{V_t(f_1)} = \frac{T_{Bv}(f_2) - T_{Bh}(f_2)}{T_{Bv}(f_1) - T_{Bh}(f_1)} \tag{18}$$

$$a(f_1, f_2) \cdot V_t(f_2) + V_e(f_2) - B_p(f_1, f_2) \cdot V_e(f_1)$$

$$= \frac{1}{2} \cdot [T_{Bv}(f_2) + T_{Bh}(f_2) - B(f_1, f_2) \cdot (T_{Bv}(f_1) + T_{Bh}(f_1))] \tag{19}$$

显然，在反演过程中，基于 A、B 两个参数构建的方程组（公式（18），（19））均只是植被温度、地表温度、植被光学厚度和单散射反照率的函数。本文假设植被温度和地表温度相同，A 和 B 就只是植被单次散射反照率和光学厚度的函数，即：

$$A(f_1, f_2) = f[\omega(f_1), \omega(f_2), \tau(f_1), \tau(f_2)] \tag{20}$$

$$B(f_1, f_2) = g[\omega(f_1), \omega(f_2), \tau(f_1), \tau(f_2)] \tag{21}$$

根据公式（20）、（21），如果找到单散射反照率和光学厚度分别在两个频率 f_1, f_2 之间的依赖关系，就可以结合 MODIS 温度数据和 AMSR-E 亮温数据，通过联立方程反演冬小麦的单散射反照率。

4 参数化模型验证

本研究对发展的一阶参数化模型进行了模拟验证，通过对比分析一阶参数化模型和一阶辐射传输模型的模拟数据发现，参数化模型的精度非常高，相关系数均高于 0.99，而均方根误差也非常小，小于 0.01，充分证明了一阶参数化模型的正确性。（图 4）参数化模型根据构建的模拟数据库范围，主要适用于长势情况较好的低矮植被类型。（Chai，2010b）

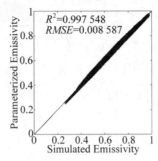

图 4　植被覆盖情况下参数化模型模拟值与一阶模型模拟值的比较

　　为进一步实现植被一阶参数化模型的验证,研究采用 2009 年 3 月至 5 月在河北省保定试验场开展的冬小麦不同生育期(拔节期、孕穗期、开花期、成熟期)观测数据(图 5)。实验利用车载多频率微波辐射计(the Truck-mounted Multi-frequency Microwave Radiometer, TMMR)(Zhao 等,2008)对冬小麦在不同频率、不同角度和极化方式下的亮温进行观测,频率分别为 6.925 GHz、10.65 GHz(包括 H 和 V 极化),扫描角度从 20°到 60°,步长 5°,积分时间为 1 s,方位角为 270°。实验同时对应测量了相关配套参数,包括环境温度、地表参数(温度、土壤水分)以及植被参数(植株高度、植株密度、每株平均叶片数、叶片宽度、叶片厚度、叶片含水量、叶片倾角分布)等。

20090327 拔节期

20090416 孕穗期

20090506 开花期

20090523 成熟期

图 5　不同生育期冬小麦长势图

将冬小麦实测参数作为模型的输入参数，利用单散射体模型模拟得出散射体的吸收和散射截面，进而得到整个植被层的单散射反照率和光学厚度，作为一阶参数化模型的输入参数，用高级积分方程模型（AIEM）（K. S. Chen）进行模拟裸露地表的发射率，从而得到整个冬小麦覆盖地表的亮温。我们在验证一阶参数化模型时，加入了零阶模型作为对比。模型模拟值和辐射计观测值随入射角度变化的情况如图 6 所示。

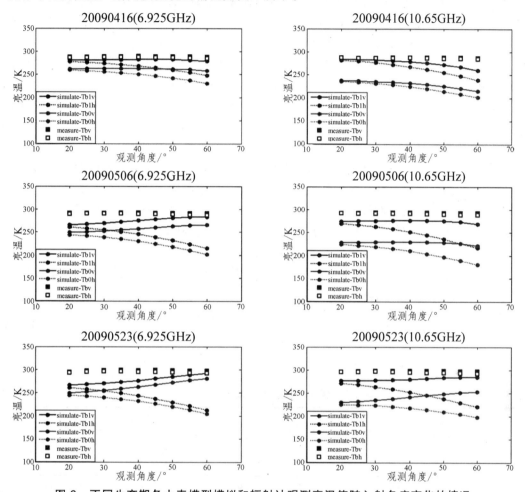

图 6　不同生育期冬小麦模型模拟和辐射计观测亮温值随入射角度变化的情况

　　从图中可以看出，一阶参数化模型模拟的冬小麦覆盖地表亮温（蓝线部分）与辐射计实测亮温（实心和空心正方形）比较接近，参数化模型在零阶模型（红线部分）的基础上有很大改进，模拟结果比零阶模型精度高，说明参数化模型的适用范围比零阶模型更好，基本上可以适用于不同生育期冬小麦微波散射与辐射特征模拟。

　　虽然一阶参数化模型对模拟亮温值也存在低估现象，但模拟结果远远好于零阶模型。两个模型产生低估现象的原因是零阶模型没有考虑植被层内的散射情况，而一阶参数化模型只考虑植被层一次散射，而没有考虑多次散射情况。由于两个模型均假设植被层的叶片是随机均匀分布，因此 H 与 V 极化的亮温差异主要来自于地表的影响。而参数化模型中地表发射率是用 AIEM 模型模拟的，所以 AIEM 模型的模拟误差可能是导致参数化模型中 V/H 极化差异的主要原因。

5 冬小麦单散射反照率反演

5.1 单散射反照率、光学厚度分别在 C 和 X 波段之间的依赖关系

冬小麦属于低矮植被类型，在本研究中，冬小麦冠层用随机均匀分布的介电圆片进行近似（张钟军，2010），并依据冬小麦的叶片总面积折算成相应数量的介电圆片，其中圆片半径等于冬小麦的叶片宽度（Le Vine，1983）。叶片的介电常数可以通过德拜-科尔双色散模型（Debye-Cole dual-dispersion）计算得到（Ulaby，1987）。

对冬小麦不同生育期的地面实测参数显示，在冬小麦的返青期到灌浆期，其叶片宽度范围在 0.008 m 到 0.012 m 之间，叶片厚度范围在 0.000 3 m 到 0.000 5 m 之间，含水量变化范围在 60% 到 80% 之间。因此，可以根据冬小麦的实测参数设置单个散射体相关参数的动态变化范围（表 1），构建冬小麦散射体模拟数据库。从表 1 中可以看出，单个散射体参数设置在冬小麦实测参数的基础上将范围进行了较大扩展，基本适用于冬小麦从出苗期到成熟期。但在成熟期后期，随着冬小麦叶片的变黄，含水量会迅速减小，甚至会小于模型设置的含水量最小值 45%，这个时候参数化模型的适用性也会受到一定限制。

研究中利用广义瑞利近似（Stratton，1941）模拟了随机均匀分布的介电圆片统计平均意义上的吸收截面 Q_{ap} 和散射截面 Q_{sp}（$p = V/H$）。显然，Q_{ap} 和 Q_{sp} 并不存在极化差异。因此，在对吸收和散射截面取极化平均后，即可根据冬小麦冠层的散射体密度 N_v（单位：m^{-3}）和植株高度 d（单位：m）计算其单散射反照率 ω 和光学厚度 τ。为方便模拟，假设组成冬小麦冠层的散射体的单位面积密度为 M_v（单位：m^{-2}），$M_v = N_v \cdot d$。

$$\omega = \frac{Q_s}{Q_a + Q_s} \tag{22}$$

$$\tau = M_v \cdot (Q_a + Q_s) \tag{23}$$

表 1　散射体参数设置表

参　数	单位	最小值	最大值	步长
单位面积密度	m^{-2}	20	100	1
半径	m	0.003	0.021	0.001
厚度	m	0.000 2	0.000 6	0.000 1
含水量	%	45	85	5

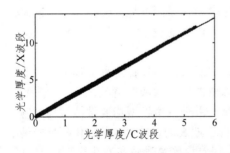 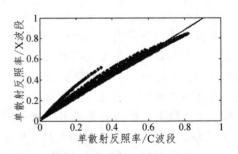

图 7　单散射反照率和光学厚度在不同频率下的依赖关系

测巴渝山水　绘桑梓宏图

图 7 给出了根据冬小麦散射体模拟数据库得到的单散射反照率 ω 和光学厚度 τ 分别在 C 和 X 波段之间的关系。显然，它们之间呈线性相关，满足：

$$\tau\,(\text{X-band})\,=2.224\,8\times\tau\,(\text{C-band}) \tag{24}$$

$$\omega\,(\text{X-band})\,=1.101\,8\times\omega\,(\text{C-band}) \tag{25}$$

其中，光学厚度在 C 和 X 波段的相关系数达到了 0.999 以上，而单散射反照率在两个波段之间的相关系数也达到 0.979。

5.2 "纯"冬小麦像元提取

本研究所使用的 2010 年华北平原冬小麦覆盖面积数据的空间分辨率较高，为 250 m × 250 m，主要用于后续提取冬小麦 AMSR-E 像元尺度的物理温度和亮温。由于 AMSR-E 空间分辨率较低，考虑到混合像元问题，本文基于冬小麦覆盖面积数据，统计了华北平原每个 AMSR-E 像元内冬小麦所占面积比例，认为面积比例大于 75% 的像元为冬小麦"纯"像元，并反演"纯"冬小麦像元的单散射反照率。

对冬小麦"纯"像元的统计结果显示，2010 年华北平原内一共有 12 个 AMSR-E 像元满足冬小麦所占面积比例大于 75% 的条件（图 8）。"纯"冬小麦像元的提取是为了保证反演的单散射反照率能够反映冬小麦的生长特征，如果选择非冬小麦"纯"像元，则反演结果表示的就是整个像元的平均单散射反照率，对冬小麦的指示作用就会减弱。

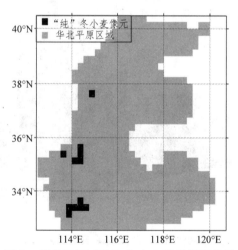

图 8　华北平原"纯"冬小麦像元提取结果

同时，MODIS 的温度数据（分辨率为 5 km × 5 km）被重采样到 25 km × 25 km，以在空间分辨率上匹配 AMSR-E 亮温数据。但 MODIS 每日温度数据不一定能完全覆盖华北平原的每一个"纯"冬小麦像元，存在数据缺失的现象。因此，对 MODIS 温度数据进行重采样时，采用过半计算的方法，即统计每一个 AMSR-E "纯"冬小麦像元内具有有效温度数据的 MODIS 像元个数。当像元个数过半，则认为该 AMSR-E 像元具有有效温度数据，即为该 AMSR-E 像元内所有 MODIS 有效温度数据的平均，反之则认为该 AMSR-E 像元温度数据缺失。

5.3 反演结果

在本研究中，AMSR-E 的 C 和 X 两个频率 V/H 极化亮温数据被用于计算"纯"冬小麦像元 MVIs 的 A、B 参数。在施建成等人（Shi，2008）发展的有关 MVIs 文章中提到了关于 A、B 参数异常值的剔除，作者认为强烈的射频干扰（Radio Frequency Interference，RFI）能够使观测亮温呈无规律的跳跃。除了积雪覆盖区域，一般而言当没有射频干扰以及明显的大气影响时，高频微波观测信号要大于低频，此时计算出的 A、B 参数范围为：A>0，0<B<1。如果 A、B 参数计算结果超出该范围则证明有强烈的射频干扰现象。

本文依据该判断条件，对不符合 A、B 参数范围的值进行剔除。筛选后的 A、B 参数值则用于匹配基于一阶参数化模型的 A、B 参数物理表达式，从而对华北平原 12 个"纯"冬小麦像元主要生长期内（从 3 月 1 日到 5 月 31 日，共 92 天的数据）的单散射反照率进行反演。

图 9 表示冬小麦单散射反照率在 C 波段的反演结果，柱状图的每种颜色代表 12 个不同的冬小麦"纯"像元。由于反演过程中存在一定的数据缺失（MODIS 每日地表温度数据不一定能完全覆盖华北平原的 "纯"冬小麦像元，存在数据缺失的现象），并且依据一定的条件对数据进行了筛选（对 MODIS 地表温度数据中有云像元以及 AMSR-E 数据中受射频干扰像元进行去除），因此实际反演天数要少于 92 天。

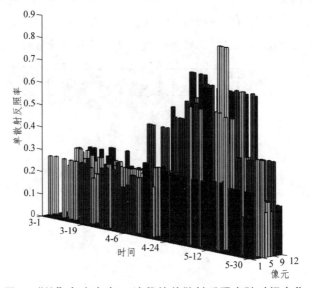

图 9 "纯"冬小麦在 C 波段的单散射反照率随时间变化

图 9 显示，冬小麦在 C 波段的单散射反照率随冬小麦的生长呈现一定的变化规律。3 月初到 4 月上旬，冬小麦的单次散射反照率变化不大；从 4 月中旬到 5 月上旬，冬小麦单散射反照率呈逐渐增加的趋势，而从 5 月中旬开始，单散射反照率又逐渐减小。这主要是因为 3 月初到 5 月上旬为冬小麦的快速生长期，这段时间冬小麦的叶片半径、厚度、含水量等逐渐增加，生物量累积达到最大，单散射反照率也不断增加。到 5 月中旬，冬小麦逐渐成熟，叶子开始变黄，湿生物量减少，单散射反照率也相应减小。由式（25）可知，冬小麦 X 波段的单散射反照率随生育期的变化具有相同的规律。

6 结果分析和验证

由于目前还没有特定的仪器和完善的方法能够直接对冬小麦单散射反照率进行测量，因此本文仅利用相应时相的冬小麦日 NDVI 数据对反演结果进行定性的分析和评价。同时，由于 X 波段单散射反照率与 C 波段单散射反照率之间为简单线性关系（式（25）），因此本文仅针对冬小麦 C 波段的反演结果进行讨论。

本研究利用 MODIS 每日反射率产品数据（MYD09CMG）来计算冬小麦的 NDVI，同时从两个方面来保证 NDVI 验证数据集的质量。首先，MODIS 每日反射率产品提供的质量控制信息（Quality Assurance）被用于提取高质量的红光和近红外波段反射率，从而确保所计算的 NDVI 值的可靠性。其次，结合 MODIS 云覆盖产品数据（MYD10C1）对 NDVI 计算结果进行进一步的筛选，剔除有云情况下的 NDVI 数据。但筛选后的每日 NDVI 数据并不能覆盖华北平原的 12 个"纯"冬小麦像元，存在 NDVI 数据缺失的情况。为了方便比较，本文将每日的 12 个"纯"冬小麦像元的单散射反照率数据和 NDVI 数据分别进行了平均，并针对平均后的单散射反照率与相应像元平均后的 NDVI 进行了逐日（2010 年 3 月 1 日至 5 月 31 日）比较（图 10）。

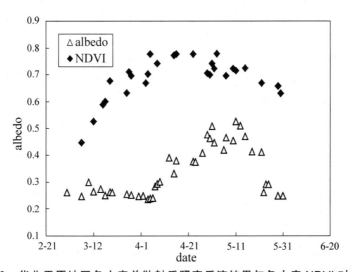

图 10 华北平原地区冬小麦单散射反照率反演结果与冬小麦 NDVI 对比图

图 10 显示，NDVI 和单散射反照率变化规律有相似之处，都呈现先增加后减少的趋势。首先，随着冬小麦的生长，其密度、叶片半径、厚度及含水量都逐渐增加，因此单散射反照率也逐渐增大，这时 NDVI 也随之增大；而在冬小麦成熟阶段，随着冬小麦的逐渐变黄、虽然冬小麦的密度、叶片半径和厚度等变化较小，但其含水量却迅速降低，这时单散射反照率也相应减小，冬小麦进入成熟期后，植株绿度随着叶子的变化逐渐降低，NDVI 也随之减小。这表明，单散射反照率能够比较真实地反映冬小麦的生长状况，有一定的指示作用。

然而，冬小麦单散射反照率和 NDVI 随时间的变化趋势又存在一定的差异。从 3 月初到 4 月上旬（冬小麦从返青期到孕穗期），NDVI 由于冬小麦生长旺盛，植株绿度较大，NDVI 出现迅速增加，而单散射反照率反而变化缓慢，甚至在 4 月初出现低谷，产生这种情况可能有以下原因：首先是生长初期冬小麦没有完全覆盖地表，裸露地面的辐射信号对反演结果影响较大;其次是在反演过程中由于 AMSR-E 像元尺度较大,虽然定义冬小麦覆盖面积大于75%为"纯"冬小麦像元,但实际像元内仍然有其他土地利用类型,这些非冬小麦区域在冬小麦生长初期也会使反演结果产生较大误差;另外,由于反演时所利用的 MODIS 地表温度数据和 AMSR-E 被动亮温数据分辨率的差异,对 MODIS 数据进行了重采样,这也会对反演产生一定影响。

在4月中旬到5月上旬(抽穗期至开花期)这段时间,单散射反照率对冬小麦的生长情况表现非常敏感,随着冬小麦含水量、叶片厚度、叶片宽度的增加呈现急剧的上升,而这时 NDVI 已基本达到饱和状态,变化很小,对冬小麦生长状况的指示作用减弱。这也充分说明了微波相对于可见光较强的穿透性,在植被比较浓密时,光学遥感获取的是植被的面信息,而微波遥感获取到的是植被的体信息,因此在植被监测和参数反演中,具有一定的优势。

5月中旬至5月下旬,随着冬小麦的逐渐成熟,虽然单散射反照率和 NDVI 值都逐渐降低,但单散射反照率的变化更为敏感,主要原因也在于可见光与微波对植被不同的穿透能力。冬小麦进入成熟期后,由于其密度、叶片半径、厚度等参数变化较小,含水量就成为影响单散射反照率的最主要因素。随着冬小麦含水量的降低,单散射反照率迅速降低,说明单散射反照率对植被含水量变化非常敏感,在冬小麦成熟阶段指示性作用较强。从本质上讲,单散射反照率对冬小麦含水量变化敏感的原因是当冬小麦含水量减小时,微波波段可以穿透冬小麦表层,逐渐获取整个植被层的散射信号,因此单散射反照率会迅速减小。

图中显示,单散射反照率变化在5月下旬要低于比2月底到4月初,主要原因可能是由冬小麦含水量变化引起。5月下旬是冬小麦的成熟期,这时随着小麦的变黄其含水量会迅速降低,而含水量是影响单散射反照率的主要因素之一,因此随着含水量的变化单散射反照率也会快速减小。虽然2月底到4月初属于冬小麦生长初期,可能还没有完全覆盖地表,但其含水量在这个过程中变化不大,并且明显大于成熟期的含水量,因此单散射反照率也比5月下旬高。

7　结论与讨论

本文基于一阶参数化模型推导的 MVIs 的物理表达式和 AMSR-E 被动微波亮温数据,结合通过单散射体模拟数据所建立的冬小麦单散射反照率和光学厚度分别在 C 和 X 波段之间的依赖关系,对华北平原地区冬小麦像元的单散射反照率进行了反演。为尽量减小地形、其他农作物及裸土等对反演结果的影响,保证反演精度,本文结合华北平原高空间分辨率的冬小麦覆盖数据提取了 AMSR-E 像元尺度范围内冬小麦面积大于75%的像元作为"纯"像元进行反演。尽管提取的"纯"像元较少,但它们具有一定的代表性,反演结果一定程度上可以反映整个华北平原冬小麦单散射反照率随生育期的变化规律。

反演结果显示:冬小麦单散射反照率与冬小麦的生长趋势呈现正相关关系,即随着冬小麦生长逐渐变大,随着冬小麦的成熟又逐渐减小。该变化趋势与冬小麦 NDVI 的变化趋势大致相同,但比 NDVI 更为敏感。这表明,利用单散射反照率进行植被动态监测,可为农作物长势监测提供理论依据和方法指导,具有一定的现实应用价值。该反演方法还可以进一步推广到其他不同类型的农作物、草地中去,能够为中国区甚至全球范围内低矮植被单散射反照率反演提供新的思路和方法。同时，冬小麦单散射反照率随时间变化趋势与其 NDVI 随时间变化趋势之间的差异，说明两者在指示冬小麦生长方面具有一定的互补作用，也说明微波相对于可见光在进行植被监测时的优势。结合微波的单散射反照率和光学的 NDVI，将有望在全球范围内提高对低矮植被的监测能力。

当然，本工作也存在一定的局限性。由于一阶参数化模型只适用于低矮稀疏植被类型，对于林地，反演结果可能出现较大的偏差。另外，在冬小麦生长初期没有完全覆盖地表时，地表信号对反演结果可能有一定的影响。因此，模型的完善，比如发展基于高阶辐射传输模型的参数化模型以及引入覆盖度因子等，可有望将反演方法扩展应用于全球植被，并进一步提高反演精度。这也是本工作有待进一步提高和完善的地方。

致　谢

感谢中国科学院对地观测与数字地球科学中心的赵晶晶博士对本工作提供的数据支持。

参考文献

[1] 武建军，杨勤业. 干旱区农作物长势综合监测. 地理研究，2002，21（5）：593-598.

[2] 王来刚，郑国清，陈怀亮，等. 基于 H J- CCD 影像的河南省冬小麦种植面积变化全覆盖监测. 中国农业资源与区划，32（2）：58-67，2011.

[3] 朱洪芬，田永超，姚霞，等. 基于遥感的作物生长监测与调控系统研究. 麦类作物学报，2008，28（4）：674-679.

[4] 侯志研，郑家明，冯良山，等. 应用遥感方法估算作物产量的研究进展. 杂粮作物，2007，27（3）：220- 222.

[5] 蔡爱民，邵芸，李坤，等. 冬小麦不同生长期雷达后向散射特征分析与应用. 农业工程学报，2010，26（7）：205-212.

[6] 鹿琳琳，郭华东，韩春明. 微波遥感农业应用研究进展. 安徽农业科学，2008，36（4）：1289-1291.

[7] 孙岩，熊英，高侠，等. 中国概况. 青岛：海洋出版社，2007.

[8] 姜立鹏，覃志豪，谢雯，等. 基于 MODIS 数据的草地净初级生产力模型探讨[J]. 中国草地学报，2006，28（6）：72-76.

[9] 张钟军，张立新，许瑛，等. 用模型和车载微波辐射仪研究多频率多角度下玉米的散射和衰减特性. 遥感学报，2010，14（2）：396-408.

[10] 赵晶晶，刘良云，徐自为，等. 华北平原冬小麦总初级生产力的遥感监测. 农业工程学报，2010，27：346-351.

[11] 王芳，陶建军，姜良美. 农作物覆盖地表微波遥感模型研究进展. 遥感技术与应用，2011，26（2）：255-262.

[12] STRATTON J A. Electromagnetic Theory，New York，McGraw-Hill，1941.

[13] PALOSCIA S, PAMPALONI P. Microwave remote sensing of plant water stress[J]. Remote Sensing of Environment, 1984, 16（3）: 249-255.

[14] ULABY F T, EL-RAYESM A. Microwave dielectric spectrum of vegetation, Part II: Dual-dispersion model[J]. IEEE Transactions on Geoscience and Remote Sensing, 25: 550-557, 1987.

[15] BOUMAN B, KASTEREN H. Ground-based X-band （3 cm）radar backscattering of agricultural crops. I. Sugar beet and potato; backscattering and crop growth[J]. Remote Sensing of Environment, 1990, 34（2）: 93-105.

[16] INOUE Y, KUROSU T, MAENO H, et al. Season long daily measurements of multi-frequency （Ka, Ku, X, C, and L）and full-polarization backscatter signatures over paddy rice field and their relationship with biological variables[J]. Remote Sensing of Environment, 2002, 81: 194-204.

[17] SINGH D, SAO R, SINGH K P. A remote sensing assessment of pest infestation on sorghum[J]. Advances in Space Research, 2007, 39（1）: 155-163.

[18] ULABY F T, MOORE R K, FUNG A K. Microwave remote sensing: active and passive, vol.I. Artech House, Dedham, MA, 1981.

[19] MO T. A model for microwave emission from vegetation-covered fields. Journal of Geophysical Research, 1982, 87, 11229-11237.

[20] LE VINE D M, MENEGHINI R, LANG R H. Scattering from arbitrarily orientated dielectric disks in the physical optics regime. Journal of the Optical Society of America, 1983, 73: 1255-1262.

[21] FUNG A K. Microwave scattering and emission models and their applications. Artech House, Norwood, 1994.

[22] FERRAZZOLI P, GUERRIERO L. Radar sensitivity to tree geometry and woody volume: a model analysis. IEEE Transactions on Geoscience and Remote Sensing, 1995, 33, 360-371.

[23] KARAM M A, FUNG A K. Scattering from randomly oriented circular discs with application to vegetation. Radio Science, 1983, 18: 557-565.

[24] LINNA CHAI, JIANCHENG SHI, LIXIN ZHANG, et al. A parameterized microwave model for short vegetation layer. IEEE International Geoscience and Remote Sensing Symposium, 41: 90-101, 2010a.

[25] LINNA CHAI, JIANCHENG SHI, LIXIN ZHANG, et al. Refinement of microwave vegetation indices, SPIE, 7809, 780904, 2010b.

[26] JIANCHENG SHI, JACKSON T, TAO J, et al. Microwave vegetation indices for short vegetation covers from satellite passive microwave sensor AMSR-E. Remote Sensing of Environment, 2008, 112: 4285-4300.

[27] CHEN L, SHI J, WIGNERON J P, et al. A parameterized surface emission model at L-band for soil moisture retrieval. IEEE Geoscience and Remote Sensing Letters, 2010, 7（1）: 127-130..

测巴渝山水　绘桑梓宏图

[28] SHI J, CHEN K S, LI Q, et al. A parameterized surface reflectivity model and estimation of bare-surface soil moisture with L-Band Radiometer. IEEE Transactions on Geoscience and Remote Sensing, 2002, 40（12）: 2674-2686.

[29] SHI J, JIANG L, ZHANG L, et al. A parameterized multifrequency-polarization surface emission model. IEEE Transactions on Geoscience and Remote Sensing, 2005, 43（12）: 2831-2841.

[30] JIANG L, SHI J, TJUATJA S, et al. A parameterized multiple-scattering model for microwave emission from dry snow. Remote Sensing of Environment, 2007, 111: 357-366.

[31] STRATTON J A. Electromagnetic Theory. New York, McGraw-Hill, 1941.

[32] CHEN K S, WU T D, TSANG L, et al. The emission of rough surfaces calculated by the integral equation method with a comparison to a three-dimensional moment method simulations. IEEE Trans. Geosci. Remote Sens, 2003, 41（1）: 90-101.

[33] ZHAO S J, ZHANG L X, ZHANG Z J. Design and test of a new truck-mounted microwave radiometer for remote sensing research. Proceedings in IEEE Geoscience and Remote Sensing Symposium, 2008, II, 1192-1195.

作者简介

吴凤敏（1987—   ），女，工程师，硕士研究生，现任职于重庆市地理信息中心，主要从事遥感分析工作。

柴琳娜（1980—   ），女，博士生讲师，现任职于北京师范大学，主要从事被动微波遥感的理论与应用研究。

遥感影像拼接缝消除算法改进研究

付云洁

（国家测绘地理信息局重庆测绘院，重庆市 400000）

摘　要　在遥感影像拼接过程中，需要一种技术能够使拼接缝处的灰度（或颜色）有一个光滑过渡，不产生突变效应。本文提出了基于余弦曲线的加权平均算法，使得接缝线处的过渡更为平滑，实现了影像的无缝拼接。

关键词　遥感影像　镶嵌　拼接　接缝线消除

1　引　言

遥感影像镶嵌是将两幅或多幅遥感影像（有可能是在不同的成像条件下获取的）拼在一起，构成一幅整体影像的技术过程[1]。在遥感影像处理中，通常需要将多幅（景）遥感影像拼成一幅影像图，以便更好地统一处理、解译、分析和研究。在这个过程中，影像镶嵌是非常重要的一步。经过色调调整处理后的影像，拼接后不会出现明显的色彩差异，但是地面环境的微小变化和成像角度的差异可能造成拼接缝附近色彩、纹理上的差异，导致经过拼接后的影像在镶嵌线附近出现明显的拼接缝[2]。因此，在影像镶嵌过程中，需要一种技术能够使拼接缝处的灰度（或颜色）不产生突变效应，有一个光滑的过渡。

现有的影像拼接缝消除方法按处理方式可以分为三种：基于重叠影像的拼接缝消除方法、基于小波变换的拼接缝消除方法和强制改正法。基于重叠区的拼接缝消除算法比较简单，但是拼接效果还取决于重叠区的大小和几何拼接精度，如果重叠区域较小或者拼接精度达不到要求，处理效果不好；基于小波变换的方法理论严密，但处理起来对计算量大，对计算机内存要求高，另外只能处理单波段的影像；基于强制改正的方法只考虑了单幅遥感影像，对重叠区域和拼接精度都没有要求，但是对于色彩反差较大的图像，处理效果不佳[3]。本文在研究了以上几种拼接缝消除算法的基础上，提出了基于余弦曲线的加权平均算法和距离加权强制改正算法，基本能实现拼接缝附近灰度的光滑过渡，形成一幅均衡的影像。

2　色调调整

在进行影像镶嵌时，相邻影像之间的色调会存在一定差异。这些差异必定会造成两相邻影像之间在色调上的不统一，致使相邻影像镶嵌后整体色调偏差较大，即使经过镶嵌平滑后也能看出明显的拼接缝。因此，在影像镶嵌之前，我们必须找到能够改善、削弱或者修正相邻影像色彩差异的技术或方法，使相邻影像在镶嵌前色调差异尽

测巴渝山水　绘桑梓宏图

可能的小，保证整幅影像色彩均衡，以满足影像美观、便于识别和分析的要求，同时为后续影像拼接缝消除打下良好的基础。本文采用最小二乘法对影像进行色调调整。结果如图 1 所示。

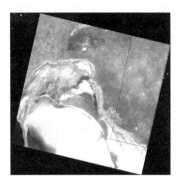

（a）原影像

（b）最小二乘法结果

图 1　最小二乘法色调调整结果图

3　基于余弦曲线的加权平均拼接缝消除算法

钱永刚[4]提出了基于重叠影像的拼接缝消除算法，这些算法按公式（1）对重叠区内任一像元进行处理：

$$\begin{cases} I_i = IA_i \times (1-\lambda) + IB_i \times \lambda \\ \lambda = \dfrac{i}{W} \qquad 0 \leqslant i \leqslant W-1 \end{cases} \qquad (1)$$

其中 I_i 为与拼接缝距离为 i 的像元进行平滑处理后的像元灰度值，IA_i、IB_i 分别为两幅镶嵌影像上该位置的原像元灰度值，λ 为权数，W 为灰度平滑宽度。λ 在平滑范围内呈线性反向变化，W 由用户自定义，其值小于或等于重叠区的宽度（一般取等号）。

对于重叠区域宽度较小的影像，在重叠区边缘，由于 λ 值突变较大，容易形成较大的拼接裂缝。为进一步提高镶嵌影像质量以满足特殊处理的要求，我们定义具有如下特征的权值来对影像进行拼接改正（以左右拼接影像为例）：

设权值为 $R(d)$，d 为当前像元到重叠区域某侧的距离（为方便表述，设 d 为当前像元到重叠区域左侧的距离）与整个重叠区域宽度的比值，$R_l(d)$ 为左侧影像像元所占的权重，$R_r(d)$ 为右侧影像像元所占的权重，则：

（1）在重叠区域两侧边界处的一阶倒数为零；即 $R'(0)=0$，$R'(1)=0$。这样可使重叠区域边界的灰度值改动较小，与非边界区域之间的变化较小，使得两者之间灰度差异变小，过渡均匀自然。

（2）在重叠区域两侧边界处权重为 0 或 1，即：$R(0)=0$ 或 1；$R(1)=1$ 或 0；为使重叠区域边界处颜色不发生突变，则 $R_l(0)=1$ 且 $R_r(0)=0$；$R_l(1)=0$ 且 $R_r(1)=1$。

（3）在重叠区域之内，$R_l(d)+R_r(d)=1$；使灰度渐变过渡，实现无缝拼接。

根据以上法则：我们设计了以下公式作为影像拼接权值：

我们假设改正权值函数为余弦函数：$R(d)=\omega\cos(\alpha d+\beta)+\gamma$

其中 α、β、γ 为待求参数。根据上述准则求解方程组

$$\begin{cases} \omega\cos(\beta)+\gamma=0 \\ \omega\cos(\alpha+\beta)+\gamma=1 \\ -\alpha\omega\sin(\beta)=0 \\ -\alpha\omega\sin(\alpha+\beta)=0 \end{cases} \tag{2}$$

又已知 $R(d)$ 与 d 有关，所以 $\alpha\neq0$，$\omega\neq0$。则得：

$$\begin{cases} \alpha=\pi \\ \beta=0 \\ \gamma=\dfrac{1}{2} \\ \omega=-\dfrac{1}{2} \end{cases}$$

所以得到改正权值公式为

$$R(d)=-\frac{1}{2}\cos(\pi d)+\frac{1}{2} \tag{3}$$

这样对影像进行处理时，不仅使得影像过渡自然，而且不易形成拼接裂缝。如图 2 所示：

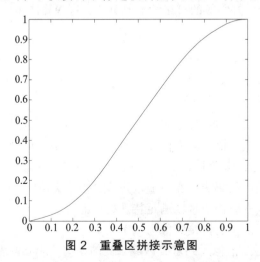

图 2　重叠区拼接示意图

测巴渝山水　绘桑梓宏图

4 实验结果

改正结果如图 3 所示（其中结果图（a）表示当重叠区域较大时接缝线去除的情况，结果图（b）表示重叠区域较小时的拼接情况）：

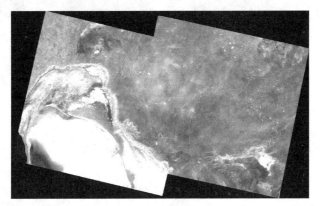

（a）结果图 1

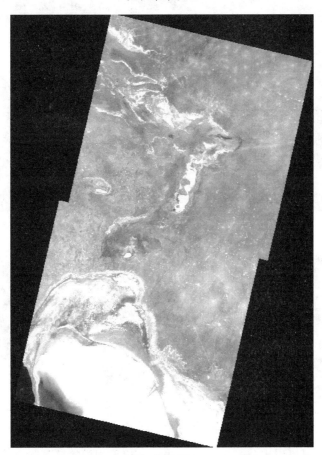

（b）结果图 2

图 3 余弦曲线加权平均法结果图

为了更好地观察实验效果，下面给出基于余弦曲线的加权平均拼接缝消除算法和加权平均法的实验结果对比图，如图4所示。

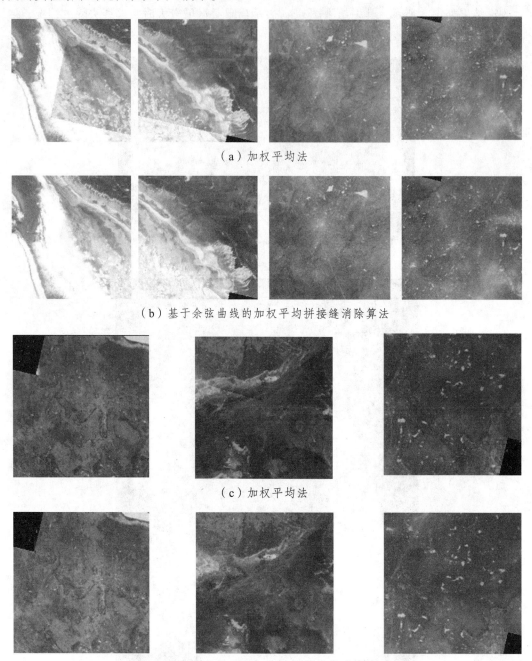

（a）加权平均法

（b）基于余弦曲线的加权平均拼接缝消除算法

（c）加权平均法

（d）基于余弦曲线的加权平均拼接缝消除算法

图4　余弦曲线加权平均法与普通平均法结果对比图

从对比图中我们可以看出，基于余弦曲线的加权平均拼接缝消除算法相对于普通的加权平均法更能有效地去除接缝线，特别对于重叠区较小的情况，基于余弦曲线的加权平均拼接缝消除算法依然能够有效地消除拼接裂缝，实现无缝拼接。

5 总结展望

本文通过对遥感影像对之间色调差异的形成以及总结前人的经验，首先对待镶嵌影像采用最小二乘法减小了影像间的色调差异，在此基础上，根据人眼视觉特点，采用余弦加权方式，对拼接边界做了平滑处理，可以有效地消除拼接缝，消除重叠区域边界突变情况；同时减小了传统加权平均法对于重叠区域大小的依赖，大大提高了加权平均法的应用范围。

参考文献

[1] 朱述龙，钱曾波. 遥感影像镶嵌时拼接缝的消除方法[J]. 遥感学报，2002（03）：183-187.

[2] 蒋红成. 多幅遥感图像自动裁剪镶嵌与色彩均衡研究[D]. 中国科学院研究生院（遥感应用研究所），2004.

[3] BAO P，XU D. Complex wavelet-based image mosaics using edge preserving visual perception modeling[J].Computers and Graphics，1999，23（3）：309-321.

[4] 钱永刚. 遥感图像镶嵌与色彩均衡的应用研究[D]. 太原理工大学，2006.

作者简介 付云洁（1988— ），女，湖北潜江人，助理工程师，硕士，测绘工程专业，国家测绘地理信息局重庆测绘院，主要从事数据采集及数据建库工作。

模拟 InSAR 干涉图的方法研究

于晓歆

（国家测绘地理信息局重庆测绘院）

摘　要　合成孔径雷达干涉测量（InSAR）技术被广泛应用于城市地面沉降监测、地震探测等方面。在验证 InSAR 技术的新算法效果时，模拟的 InSAR 干涉图比实际 SAR 数据生成的干涉图更能反映新方法的优劣，同时模拟干涉图的过程可以增加对 InSAR 处理步骤的理解。本文研究了模拟 InSAR 干涉图的方法——简单模拟、多分形技术模拟和用真实的雷达传感器参数和轨道数据模拟三种方法，并实现了后两种方法。

关键词　InSAR　模拟　干涉图　真实参数

1 引　言

合成孔径雷达技术（Synthetic Aperture Radar，简称 SAR）是一种被广泛应用的遥感技术。而合成孔径雷达干涉测量（Interferometric Synthetic Aperture Radar，简称 InSAR）技术是充分利用了雷达所获取的相位信息，获得数字高程模型（DEM）和地表形变的测量技术。与 GPS、水准等常规的测量方法相比，InSAR 技术具有全天候、全天时、大面积连续监测，无需外业，数据采集快，精度高的优点，被广泛应用于城市地面沉降监测、地震探测、海流测量、冰川和冰原监测，滑坡、崩塌和泥石流监测等环境灾害和城市地表变化监测等地球动力学与地球物理学方面。

进行 InSAR 数据处理的研究和应用过程中，模拟的干涉相位图可用于验证新算法，为验证新算法的可靠性提供原始数据依据[1, 2]。例如在进行滤波算法验证时，把模拟加噪声的干涉图滤波后的结果和不含噪声的干涉图进行比较，可以很明显地看出滤波的效果。目前对模拟干涉图算法的研究主要是国外的一些算法，包括简单随机数据模拟方法，多分形技术模拟方法[3]，用真实的雷达传感器参数和轨道数据模拟方法[4]。除此之外还有一些针对特别地形设计的模拟算法，如大面积陡峭地形的 SAR 干涉图模拟算法[5]，多基线 InSAR 干涉图模拟算法[6]。国内专门研究干涉图模拟算法的文章非常少，多为应用已有的模拟算法模拟出干涉图数据用于干涉图滤波、相位解缠等算法的验证。

本文对模拟 InSAR 干涉图的方法进行了系统研究，并用真实的雷达传感器参数和轨道数据模拟出真实的干涉相位图和加噪声的干涉图，用于滤波算法的实验验证。

2 InSAR 技术原理和数据处理流程

2.1 InSAR 原理

A.Currie 和 C.J.Baker 等人的干涉测量模型[7][8]的几何关系可以表示为图 1。

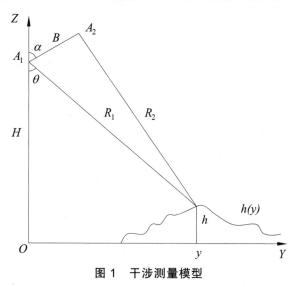

图 1　干涉测量模型

图 1 中，A_1 和 A_2 分别代表两个天线，R_1 和 R_2 分别为天线 A_1 和天线 A_2 到地面目标点的斜距。α 是基线 B 与高度 Z 方向的夹角，B 同时表示基线的长度，H 为飞行平台的轨道高度，α、B 和 H 都假设为已知量。天线波束中心与垂直方向的夹角为 θ，地面目标在距离向的坐标为 y，h 为随地面距离 x 而变的地面目标高度。

图 1 中的几何关系可以表示成

$$R_2^2 = B^2 + R_1^2 + 2BR_1\cos(\theta + \alpha) \tag{1}$$

经整理后得

$$\theta = \arccos\left[\frac{R_2^2 - R_1^2 - B^2}{2 \cdot B \cdot R}\right] - \alpha \tag{2}$$

若 R_1 已知，并由干涉测量法得出了地面目标点在两个 SAR 成像中的相位差 φ_s，由上面两个公式就可以求出 R_2 来，即

$$R_2 = R_1 + \frac{\varphi_s \cdot \lambda}{2 \cdot \pi} \tag{3}$$

由以上三个公式求出各地面目标点对应的 θ 来。由 θ 和 R_1，依据模型的几何关系，就可以按照下式求出地面各目标点的高度 h 来，即

$$h = H - R_1\cos\theta \tag{4}$$

上面几个公式就是 InSAR 提取数字高程模型（DEM）的几何关系描述。

ϕ是地表变形引起的干涉相位差。

$$\phi = \psi_1 - \psi_2 = -\frac{4\pi}{\lambda}(R_1 - R_2) \tag{5}$$

模拟出的干涉相位图显示的结果就是缠绕的相位值，取值范围为$[-\pi, \pi]$。

2.2 InSAR 处理流程

利用传感器高度、雷达波长、波束视向及天线基线距之间的几何关系，可以精确地测量出图像中每一点的高程值，生成该地区的 DEM。由 SAR 影像提取 DEM 的算法主要包括复图像的配准、干涉图的生成、去平地效应、干涉图滤波、相位解缠、数字高程模型重建等步骤。星载 SAR 数据处理流程如图 2 所示。

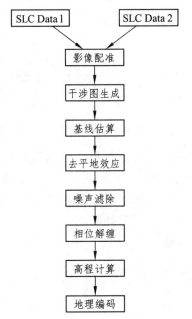

图 2   InSAR 数据生成 DEM 流程图

3   模拟 InSAR 干涉图方法

3.1   多分形技术模拟方法

多分形技术模拟干涉相位的方法是先模拟出无噪声的原始干涉相位图，加入噪声矩阵后形成加噪声的干涉相位图。

模拟原始干涉相位图的方法是先模拟出数字高程模型 DEM[3, 9]，然后进行编码，进行相位缠绕，就形成了无噪声的真实干涉相位图。

这种方法加入的噪声是模拟的相位噪声。首先进行相干图的模拟。干涉图相位噪声模型主要是由三部分的乘性噪声组成，即热噪声、时间失相关噪声和空间失相关噪声。

$$\varphi_{noise} = \varphi_{temporal} \cdot \varphi_{spatial} \cdot \varphi_{thermal} \qquad (6)$$

在影响相干值的因素中，热噪声去相干、时间去相干和几何去相干（即空间去相干）是最重要的三部分。计算模拟噪声时主要计算热噪声去相干、时间去相干与几何去相干的值。根据公式（6）计算相干值

$$\rho_{total} = \rho_{temporal} \cdot \rho_{spatial} \cdot \rho_{thermal} \qquad (7)$$

式中 ρ_{total} 是简化表示的总相干值，$\rho_{temporal}$ 是时间失相关引起的相干值，$\rho_{spatial}$ 是空间失相关引起的相干值，$\rho_{thermal}$ 是热噪声引起的相干值。

最后模拟的总体相干图的各个像元相干值就表示为公式（7）。

求出总相干值后，由干涉相位的密度函数 PDF 计算出相位方差[10]。由方差与相干值的绝对值之间的函数关系，可求得相位标准偏差矩阵，再把这个矩阵与一个正态分布的随机数字组成的矩阵（零中值，方差 = 1）进行点乘运算，从而模拟出相位噪声矩阵。

把模拟好的噪声加入到之前模拟的无噪声干涉相位图中，即得到模拟的加噪声干涉图。

3.2 用真实的雷达传感器参数和轨道数据模拟干涉相位图

这种方法是基于真实的雷达传感器参数、轨道参数数据和 DEM 进行模拟的。模拟的干涉图依据于两幅 SAR 影像的路程差的精确估计。模拟的方法步骤为：

首先需要求出地面目标点在笛卡儿坐标系中的位置。把模拟用的原始 DEM 数据转换到地心笛卡儿坐标系（直角坐标系）中。然后计算两个卫星的位置，求出主、从卫星和地面目标点之间的距离，生成干涉图，去除平地相位，最后得到模拟的干涉图。模拟过程的流程见图 3。

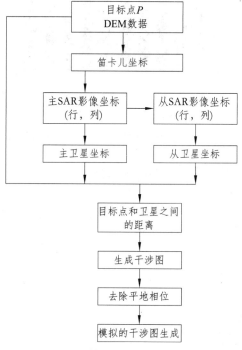

图 3 模拟干涉图流程图

4   模拟的干涉图实验结果

4.1   简单随机数据模拟干涉图实验结果

首先用 MATLAB 中的 ramp 命令生成干涉相位矩阵，本文的实验矩阵大小设为 1000×2000；之后加入随机噪声矩阵生成加噪声的干涉相位图。最后再对复数数据进行视数为 5 的多视处理，变为大小为 200×400 的模拟多视干涉相位图。多视处理实际上是一种对图像压缩的处理，空间分辨率会降低，但图像会更清晰，可以去除部分噪声。在 InSAR 数据处理过程中，经常要用到多视处理，本文模拟了多视干涉图，既可以作为验证其他处理算法的原始数据，又可以增加对 InSAR 复数数据中多视概念的理解。生成的干涉图表示为图 4。

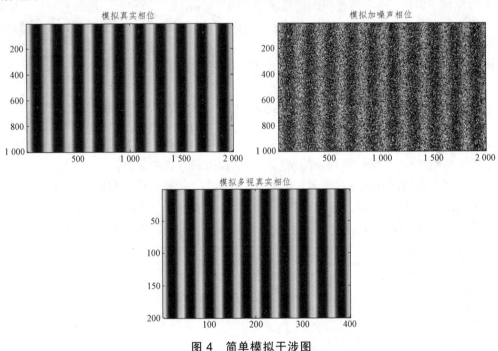

图 4   简单模拟干涉图

4.2   用真实的雷达传感器参数和轨道数据模拟结果

本文用基于真实的雷达传感器参数和轨道数据的方法模拟 InSAR 干涉图。首先模拟出一定坡度的数字高程模型（DEM），见图 5，然后把 DEM 转换为弧度值，之后缠绕 DEM，使之取值在 $[-\pi, \pi]$ 之间，就形成了干涉相位图，根据地形加入噪声形成有噪声的干涉相位图。

用这种方法模拟干涉图要用到的参数为：

基线长 = 50（m）

水汽 = 20（百分比）

高度 = 700（m）

行 = 1 000（方位向像元数）

列 = 1 000（距离向像元数）

用 MatlaB 程序模拟出的干涉图如下面几幅图所示。

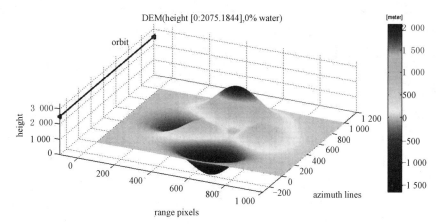

图 5　模拟的 DEM（单位：m）

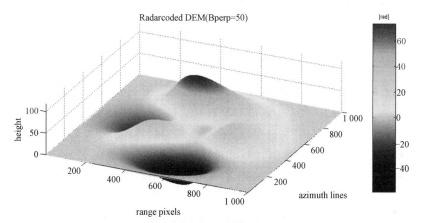

图 6　模拟的 DEM 转换为弧度（单位：rad）

图 5 是模拟的 DEM 三维显示图，图 6 是把模拟出来的高程值从单位为米转换为弧度，图 7、图 8 是把弧度值进行相位缠绕，使之取值在[-π, π]之间的无噪声和加入噪声的干涉相位图。

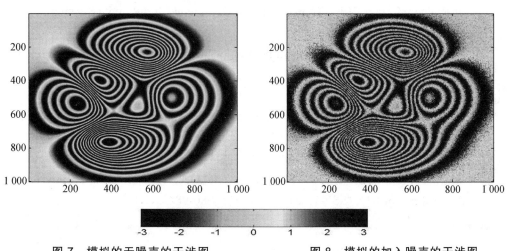

图 7　模拟的无噪声的干涉图　　　　　　图 8　模拟的加入噪声的干涉图

基于真实的雷达传感器参数和轨道数据模拟干涉相位图比简单随机数据模拟方法更接近真实地形和真实的干涉图。从图7和图8可见，干涉条纹的区域有的稀疏，有的密集，能够验证出滤波算法对条纹细节部分的保持能力。而简单随机模拟干涉图方法虽原理和过程较简便易实现，条纹周期性明显，剖面图均匀，易比较。

5 结 语

本文研究了模拟 InSAR 干涉图的三种方法：多分形技术模拟、简单随机数据模拟、基于真实雷达传感器参数和轨道数据的模拟方法，并实现了后两种模拟方法。用简单随机数据模拟了无噪声干涉相位图、加噪声干涉相位图和多视干涉相位图；用真实雷达传感器参数和轨道数据模拟了三维 DEM、无噪声干涉图和加噪声干涉图。几种模拟方法各有优势，都能为 InSAR 数据处理提供原始数据源。本论文详细论述了几种模拟干涉图方法的原理和步骤，一定程度上填补了国内关于模拟干涉图的论文空白。在后续研究工作中，将深入研究模拟干涉图的方法及提出适合各种实验的新方法。

参考文献

[1] WARY L S，WILKINSON A J，INGGS M R. Synthetic Aperture Radar Images Simulator for Interferometry. ISRSE 2000，Cape Town，pp. 27-21，March 2000.

[2] XU W，CUMMING B. Simulator for repeat-pass satellite InSAR studies. IEEE Proc. IGARSS'97，Singapore：1704-1706.

[3] FRANCESCHETTI G，LANARI R. Synthetic Aperture Radar Processing. CRS Press，New York，USA，1999：173-176.

[4] KUN R，PRINET V，et al. Simulation of Interferogram Image for Spaceborne SAR System. IEEE International Geoscience and Remote Sensing Symposium. Toulouse，France，2003，July：21-25.

[5] MICHAEL EINEDER. Efficient Simulation of SAR Interferograms of Large Areas and of Rugged Terrain. IEEE Transactions on Geoscience and Remote Sensing，Vol. 41，NO.6，June 2003：1415-1427.

[6] ZHANG H M，Jin G W，et al. Simulation of Interferograms for Multi-Baseline InSAR Study. IEEEExplore，2009.

[7] 李平湘，杨杰. 雷达干涉测量原理与应用[M]. 北京：测绘出版社，2006.

[8] CURRIE A，BAKER C J. High Resolution 3-D radar imaging[C]. IEEE International Radar Conference'95，1995.

[9] 孙倩. 基于信噪比的 InSAR 干涉图相位滤波方法研究[M]. 中南大学，2008.

[10] BAMLER R，JUST D. Phase Statistics and Decorrelation in SAR Interferometry. Proceedings of IGARSS'93，Japan，1993：980-984.

作者简介　于晓歆，国家测绘地理信息局重庆测绘院硕士，主要从事 InSAR 技术研究与遥感图像数据处理。

基于 CASS 数据的基础地理信息数据建库技术研究

李巍巍　许庆领　何　静

（国家测绘地理信息局重庆测绘院，重庆 400015）

摘　要　结合大比例尺地形图数据建库的项目，总结了基于南方 CASS 成图系统生产的大比例尺地形图数据建库基本原则，对建库过程中的数据分层、数据编码、数据无损转换入库、数据质量控制等几个关键技术做了详细的研究，介绍了建库过程中的注意事项，通过实际项目生产验证，做到了数据无损建库，建库数据质量得到保证，建库效率大大提高。

关键词　CASS 数据　大比例尺地形图　建库　数据分层　数据编码

1　引　言

在城市规划和建设，政府日常办公、应急处置、辅助决策等领域，大比例尺地形图发挥着举足轻重的作用，是城市整治、社会经济发展所需的重要的基础地理信息数据。传统的地形图大部分为外业测绘提供的文件型制图数据，只注重地物关系表达的正确性，忽视了地物空间关系和属性信息的表达，仅仅能满足日常的浏览，无法满足空间数据的分析和辅助决策，"数字城市"建设的不断深入，对空间地理信息数据精细度的要求越来越高，虽然大比例尺地形图数据能够满足数据精细度的要求，但绝大部分大比例尺地形图都是 CAD 格式（*.dwg），没有形成管理高效快捷、使用安全方便的空间地理信息数据库，无法支持"数字城市"中所需的统计、查询、空间分析等需求[1-3]。为此，需要利用现代先进信息化测绘技术，对传统地形图进行整理和重构，构建满足地理信息系统所需要的统一、权威、现势性强的基础测绘地理信息数据库，更好地发挥大比例尺地形图数据的作用。

2　建库的基本原则

数据建库，原则先行，各种纷繁复杂的空间地理信息需要统一的数据标准进行制约与管理，以便实现信息的共享与使用。统一的数据标准包括统一的坐标基准、要素分类、分层设色、编码体系和统一的属性数据等，对今后的数据建库起着至关重要的作用[4]。为了保持建库数据与原始数据的一致性，减少信息丢失的问题，提高数据的利用效率，在建库过程中要掌握一定的建库原则，原则如下：

2.1　规范一致性原则

在建库时，必须按照国标或者地标的规范进行，同时要参照其他行业的标准。目前大比例尺地形图数据建库的主要依据可以参照的国标有：GBT 20257.1—2007《国家基本比例尺地图图式　第1部分：1∶500、1∶1 000、1∶2 000 地形图图式》、GBT 20258.1—2007《基础地理信息要素数据字典第1部分：1∶500 1∶1 000 1∶2 000 基础地理信息要素数据字典》、CHT 9008.1—2010《基础地理信息数字成果 1∶500 1∶1 000 1∶2 000 数字线划图》、GBT 18316—2008《数字测绘成果质量检查与验收》。

2.2　原图一致性原则

建库的最终成果要与原始 CAD 数据成果基本保持一致的，不能缺失或增加地物对象，不能改变对象的空间属性和位置，通过判读能明确确定是原始数据的错误应征得数据提供方的同意后才能修改，改正后要做好修改记录，以备修改原始数据使用。

2.3　结合实际原则

在建库过程中除了参照国标和地标等标准以外，还要根据数据的现状和数据的应用需求，适当的扩展项目的建库标准以更好地提高数据的利用效率。对于国标未定义的地物对象应与数据提供方沟通确认地物的归属，制定相应的编码，制作地图符号。例如，要考虑数据今后的用途，在交通、水系要素要应用到空间分析的需要，要双线表示的地物要提取中心线，做连通处理，并赋予相关的属性信息，同时，为了制图的需要，还要保留河流和道路的边线。建筑物构建面状后要提取建筑物的属性信息，如建筑物地上下层数、建筑类型、所在单位名称、户数等信息。如项目需要还要进行房屋调查面构建和建库，以完善和补充房屋面数据。

3　建库关键技术研究

3.1　数据分层

根据 GBT 20257.1—2007《国家基本比例尺地图图式　第1部分：1∶500、1∶1 000、1∶2 000 地形图图式》定义的标准，按照从大到小、从粗到细的原则，首先，将数据一般分为定位基础、水系、居民地及附属设施、交通、管线、境界与政区、地貌、植被、图廓整饰等九大类，其次每个大类按照空间特征点、线、面、注记进行细分到层，比如定位基础包括测量控制点、测量控制点辅助线、测量控制点注记三个层，交通包括道路面、道路中心线、交通点、交通线、交通面、交通注记六个层，按照这种原则，将全要素数据划分到 50 个数据层形成全要素数据库。对于项目特殊需要的要素可适当地添加若干数据层或者大类，例如不在国标定义范围内的兴趣点类以及居民地及附属设施类中的房屋调查面、单位调查面、工矿面等。数据分层定义结构如表 1 所示。

表 1　数据分层定义结构表

序号	数据集名	层要素（层名）	几何特征	属性表名
1	定位基础	测量控制点	Point	KZD
		测量控制点辅助线	Line	KZDFZX
		测量控制点注记	Annotation	KZDZJ
2	居民地及附属设施	房屋面	Polygon	FWM
		房屋注记	Annotation	FWZJ
		居民地点	Point	JMDD
		居民地线	Line	JMDX
		居民地面	Polygon	JMDM
		居民地注记	Annotation	JMDZJ
		房屋中心点	Point	FWZXD
		房屋调查面	Polygon	FWDCM
		单位调查面	Polygon	DWDCM
		工矿面	Polygon	GKM
3	兴趣点	兴趣点	Point	POI
		兴趣点注记	Annotation	POIZJ
…	…	…	…	…

3.2　数据分类编码

由于 CASS 成图系统制作的 CAD 数据每类要素都有一个唯一的编码（即测图编码），通过提取 CASS 全要素测图编码信息，与数据库模型中的要素类编码、要素名称、符号编码建立对应的关系，形成一套全面统一的数据入库标准，通过这种建立对照表的方式有效地解决了因数据库模型的改变对入库软件做修改的麻烦，而只需对对应关系做相应的补充或修改即可，提高了软件设计的灵活性和通用性。数据分类编码对照表结构如表 2 所示。

表 2　数据分类编码对照结构表

编号	大类	要素名称	要素代码	符号编码	测图编码	入库图层
1	定位基础	三角点	110102	110102010	131100	KZD
2	定位基础	三角点	110102	110102110	131200	KZD
3	定位基础	三角点	110102	110102210	131300	KZD
…	…	…	…	…	…	…

3.3　CAD 数据向 GIS 数据的无损转换

FME 提出了一个数据转换引擎的概念，其实质是根据 OpenGIS 的规则，建立一个非常详尽的包含了大量的 GIS 数据模型。按照 OpenGIS 的数据模型与各类数据格式和数据模型的对应关系，在任意两种数据格式之间建立更宽的"数据通道"，使得任意两种数据格式和模型之间可以进行最大限度不丢失信息的相互转换和表达。基于 FME 的数据转换引擎，使得 CAD 与 GIS 数据模型在数据引擎中都能找到各自的映射，而且能够通过映射关系使数据转换中的数据结构逻辑组织、形式表达层面的冲突得以解决，最终实现真正意义的 CAD 与 GIS 的数据无损转换[1, 3, 5]。处理流程如图 1 所示。

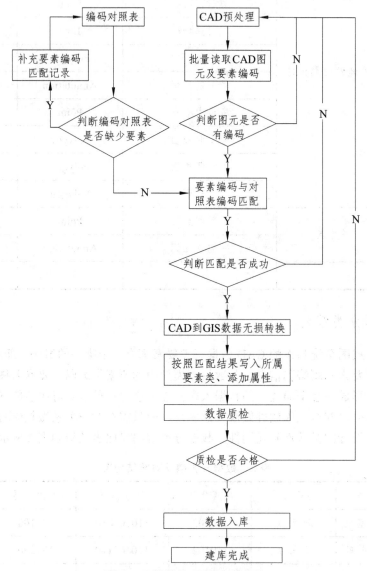

图 1　无损转换入库处理流程

无损转换入库程序如图 2 所示。

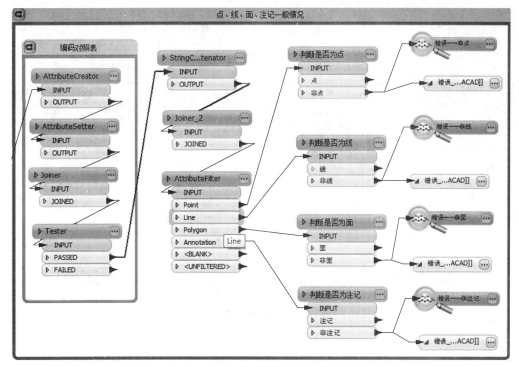

图 2　无损转换入库程序

在使用 FME 进行数据无损转换的过程中需要注意的事项有：

（1）要求数据处理人员再检查数据属性结构时要检查数据质量、检查数据的归属、数据属性的完整性及结构的一致性等。

（2）模板文件应包含目标图形全部的符号和线型以及字体，要素映射关系需要包含源数据的全部要素，否则会造成部分数据丢失的现象。

通过无损转换建库，达到了全要素建库的目的。如图 3、4 所示，建库前后要素对比。

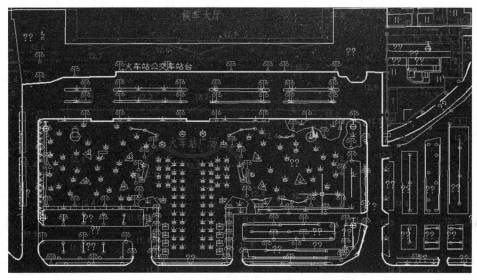

图 3　建库前 CAD 原图

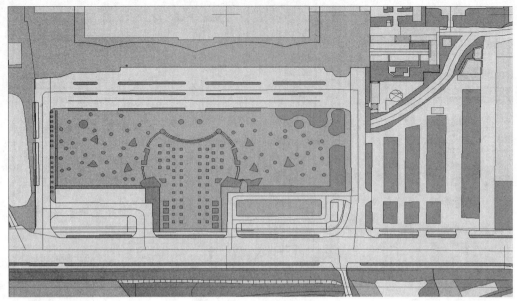

图 4　建库后 GIS 数据库

3.4　数据质量检查与控制

数据质量检查与控制是一个复杂的过程，贯穿于数据建库的整个过程。因此，质量检查与控制方法应根据数据库的内容、作业方法、人员水平、所使用的软件等因素确定[6]。在实际的作业过程中可从以下几个方面控制：

（1）在 AutoCAD 下，利用 VBA 和 ARX 开发包，针对植被、道路、水系构面制作了专门的编辑工具，这样可以大大提高生产效率。软件功能包括要素复制、要素添加、注记添加、扣除面添加、符号拷贝等功能，避免要素放错层、作业效率慢的现象。

（2）人机交互检查在 GIS 软件环境下，将要检查的数据可视化，以图形、图像、表格等形式显示在计算机的屏幕上，通过人工判断其正确性；再者可以使用 GIS 的查询、统计、拓扑分析等功能的组合，实现对数据的检查。

（3）软件自动检查由于空间数据的图形与属性、图形与图形、属性与属性之间存在有一定的逻辑关系和规律，可以通过计算机程序（如 Geoway Checker），设计模型和算法，将数据中不符合规律、逻辑关系矛盾的要素自动挑选出来，再使用人机交互的方式进行验证并修改。

4　总　结

本文研究了基于 CASS 数据的大比例尺地形图建库的关键技术，包括数据分层技术、数据编码技术，以及数据无损转换技术等，并在三亚市 1∶2 000 比例尺地形图信息化测绘及入库项目中得到应用，完成覆盖三亚市中心城区和海棠湾镇辖区，作业面积约 280 平方千米，共计 350 幅 1∶2 000 地形图数据的建库工作，通过实际生产证明这些关键技术的应用将建库生产效率提高了近 50%，而且数据的质量得到保证，实现了 CAD 数据的无损建库。

参考文献

[1] 仇月霞，余志伟，杨晓栋，等. 一种基于 FME 的 GIS 数据无损转换技术[J]. 地理空间信息，2010，8（1）：75-77.

[2] 胡鹏，黄杏元，华一新. 地理信息系统教程[M]. 武汉：武汉大学出版社，2009.

[3] 宋伟东，符韶华. DLG 到 GIS 的数据转换方法研究[J]. 测绘通报，2004（2）：54-56.

[4] 张雪松，张友安. AutoCAD 环境中组织 GIS 数据的方法[J]. 测绘通报，2003（11），45-47.

[5] 李瑞霞，杨敏，邓喀中. 基于 FME 的 GIS 到 CAD 数据"无损"转换[J]. 测绘通报，2009（5）：55-58.

[6] 翟翎，郭万岭. 地图数字化的数据质量控制[J]. 测绘标准化，2000，16（2）：10-12.

[7] GB/T 20257.1—2007 国家基本比例尺地图图示第一部分：1∶500、1∶1 000、1∶2 000 地形图图式[S].

作者简介 李巍巍（1984— ），女，山西朔州人，助理工程师，硕士，地图制图学与地理信息工程专业，主要从事基础地理信息数据采集、建库与"数字城市"专题数据建库工作。

CQGNIS 系统基准站数据处理与稳定性分析

刘 科　马泽忠　胡渝清　孔庆勇　杨洪黔

（重庆市国土资源和房屋勘测规划院，重庆 400020）

摘　要　本文简要介绍 Gamit 和 Globk 软件进行高精度数据处理的基本流程，据此分析处理 GNSS 基准站数据，获取各基准站不同时期的 N、E、U 方向坐标；通过比较各基准站 N、E、U 方向坐标变化情况，分析基准站稳定性。

关键词　基准站　数据处理　稳定性

1　引　言

重庆市国土资源 GNSS 网络信息系统（简称 CQGNIS 系统）由数据处理中心、通信网络和 25 个高精度 GNSS 基准站组成，有效双星信号覆盖全市 8.2 万平方千米。当前，CQGNIS 系统已建立 CGCS2000、1980 西安坐标系、1954 北京坐标系和重庆独立坐标之间的相互转换关系。经测试，采用 CQGNIS 系统在重庆市域内进行网络 RTK 测量，平面精度在 3 cm 以内，高程精度在 4 cm 以内。

CQGNIS 系统基准站接收机实时采集存储的 GNSS 观测数据是开展基准站数据处理和稳定性分析研究的基础。此外，采用高精度科研数据处理软件（Gamit 和 Globk 软件）可周期性地解算和更新各基准站精确的地心坐标 [1]。为此，本文开展高精度数据处理研究，以监测 CQGNIS 系统基准站的稳定性，维持重庆市区域高精度三维基准。

2　CQGNIS 系统基准站数据处理

2.1　准备文件

2.1.1　数据文件

选取基准站接收机年积日 308～310（2010 年）、年积日 63～65（2011 年）和年积日 28～30（2012 年），共计 9 天的 Rinex 格式观测数据。在 unix 环境下，运行 dos2unix 命令将 dos 格式数据转换为 unix 格式。

2.1.2　表文件

获取每年更新一次的 luntab、soltab、nutabl、leap.sec，每周更新一次的 ut1、pole，导航文件和 sp3 精密星历等。

2.1.3 准备 station.info、lfile.、sestbl.、sittbl.文件

1）station.info 文件

station.info 文件主要记录基准站接收机和天线类型。准备该文件时，只需按格式编辑 Ant Ht、HtCod、Antenna Type、Receiver Type、Session Start、Session Stop 等项。

实际处理时，一般先采用 sh_upd_stnfo 命令自动创建 Station.info 文件，再检查确认。

2）lfile.文件

lfile.文件主要记录基准站的 blh 格式的近似坐标。

实际处理时，一般通过运行 grep、rx2apr 和 glbtol 等命令，从基准站 O 文件中提取近似坐标，生成 lfile.文件。

3）sestbl.文件

sestbl.文件是控制 Gamit 进行高精度数据处理的必要文件，通过该文件可对卫星高度角、海潮模型、解类型、天顶延迟和迭代次数等参数进行设置，实现不同解算目的[2]。

实际处理时，大多采用默认值，也可对 Choice of Observable、Choice of Experiment 和 Autcln Postfit 等参数进行修改。

4）sittbl.文件

sittbl.文件记录基准站名，可对坐标值进行约束。必要时，可通过设置对流层延迟改正模型、气象文件等参数，实现精度控制。

实际处理时，对高精度的已知坐标进行厘米级强约束，对待求点坐标进行百米级的松弛约束。

5）链接 tables 表文件

在各时段文件夹下，由 links.day 命令建立与相应表文件的链接关系。

2.2 Gamit 数据处理

Gamit 数据处理关键在于正确准备各种表文件和配置文件，本文采用 Gamit 10.35 进行基线解算，数据处理自动化程度较高，其数据处理流程如下：

（1）准备 O 文件、N 文件、station.info、rcvant.dat 等文件，运行 sh_makexp 命令，生成 session.info 等。

（2）准备 sp3 文件、ut1.、pole、nutabl、soltbl.、luntab、leap.sec、svnav.dat 等文件，运行 sh_sp3fit 命令，生成 G-文件、T-文件等。

（3）准备 G-文件，运行 sh_check_sess 命令，生成 session.info 等。

（4）准备导航文件，运行 makej 命令，生成 J-文件等。

（5）准备 J-文件，运行 sh_check_sess 命令，生成 session.info 等。

（6）准备 J-文件、session.info、station.info 等文件，运行 makex 命令，生成 D-文件等。

（7）准备 T-文件、J-文件、I-文件、D-文件等，运行 fixdrv 命令，生成 B-文件等。

（8）准备 B-文件，运行 csh 命令，生成 Q-文件、O-文件、H-文件等。

2.3 基线精度评定

衡量 Gamit 数据处理基线精度的指标主要有：均方根残差（nrms）和基线相对精度。

2.3.1 均方根残差

统计单天解的 Q 文件，均方根残差结果如表 1 所示。

表 1 均方根残差统计表

2010 年		2011 年		2012 年	
年积日	nrms	年积日	nrms	年积日	nrms
308	0.207 20	63	0.186 84	28	0.191 75
309	0.206 06	64	0.189 58	29	0.194 10
310	0.202 37	65	0.191 28	30	0.193 56

均方根残差是衡量单天解质量的重要指标之一，值应小于 0.5。如果该值大于 0.5，表明数据处理结果有问题，例如周跳未修复等[3]。由表 1 可知，9 天的均方根残差值都不超过 0.25，基线处理结果满足要求。

2.3.2 基线相对精度

表 2 基线相对精度统计表

年积日 308~310（2010 年）		年积日 63~65（2011 年）		年积日 28~30（2012 年）	
NORTH	$0.454\,30\times10^{-8}$	NORTH	$0.554\,00\times10^{-8}$	NORTH	$0.279\,51\times10^{-8}$
EAST	$0.692\,32\times10^{-8}$	EAST	$0.584\,62\times10^{-8}$	EAST	$0.239\,48\times10^{-8}$
UP	$-0.099\,73\times10^{-8}$	UP	$1.324\,31\times10^{-8}$	UP	$0.823\,38\times10^{-8}$
LENGTH	$0.383\,44\times10^{-8}$	LENGTH	$-0.002\,39\times10^{-8}$	LENGTH	$0.004\,74\times10^{-8}$

由表 2 可知，Gamit 处理获取的基线相对精度达到 10^{-8}，精度高。

综上统计结果表明，Gamit 高精度数据处理基线精度满足后续网平差要求。

3 CQGNIS 系统基准站网平差

先由 Globk 软件将年积日 308~310（2010 年）共计 3 天的基线文件，合并为一个文件；同理，合并年积日 63~65（2011 年）和年积日 28~30（2012 年）的基线文件；再对合并后的 3 个文件，分别进行平差处理。

为获取基准站 N、E、U 方向坐标，本文选取具有精确的 CGCS2000 坐标，且稳定可靠的 2 个基岩站（LIPI 基准站和 CHSH 基准站）和 1 个土层站（BISH 基准站）作为已知的强约束点。经 Globk 软件平差，分别得到 22 个基准站在 3 个不同时期的 N、E 和 U 方向的坐标，其数据处理的基本流程如下：

（1）准备 pmu.bull_b 和 pmu.usno 文件。

（2）编辑 Globk 的控制文件。

① 编辑 globk_comb.cmd 文件。

globk_comb.cmd 文件主要设置网平差所需的必要文件的目录和过程文件的存储路径，如 *.apr、*.com、*.srt 等；其次是设置先验坐标的松弛度，提高平差的精度。

② 编辑 glorg_comb.cmd 文件。

glorg_comb.cmd 文件主要设置某些稳定且坐标已知的基准站点为固定点，实现固定坐标框架。

（3）运行 htoglb 命令，将 Gamit 的 H-文件转换为 Globk 可识别处理的二进制 H-文件。

（4）运行 glred 命令，进行重复性精度评价。

（5）运行 globk 和 glorg 命令，进行网平差。

（6）运行 grep 命令，提取平差结果。

4 CQGNIS 系统稳定性分析

经统计，CQGNIS 系统基准站网平差后，各基准站在 N、E 和 U 方向的坐标变化量如表 3 所示：

表 3 基准站 N、E、U 方向坐标变化量统计表

基准站点号	N 方向坐标变化量/m		E 方向坐标变化量/m		U 方向坐标变化量/m	
	2011—2010	2012—2011	2011—2010	2012—2011	2011—2010	2012—2011
GN01	0.000	0.001	0.002	0.001	0.002	− 0.003
GN02	0.002	− 0.002	0.001	0.000	0.000	− 0.002
GN03	0.001	0.005	0.001	− 0.001	0.004	− 0.007
GN04	0.000	− 0.002	0.000	0.000	− 0.007	0.000
GN05	− 0.001	0.000	− 0.003	0.001	− 0.010	0.002
GN06	0.000	0.000	0.000	0.001	− 0.005	− 0.004
GN07	0.002	− 0.001	− 0.001	0.000	− 0.005	0.002
GN08	− 0.001	0.000	0.002	0.000	− 0.002	− 0.004
GN09	− 0.001	0.005	− 0.001	0.000	− 0.003	− 0.002
GN10	− 0.001	− 0.001	0.000	0.002	− 0.001	− 0.005
GN11	0.002	0.000	0.000	0.000	− 0.001	0.004
GN12	0.001	− 0.006	0.000	− 0.008	− 0.004	0.012
GN13	0.001	− 0.002	− 0.001	0.000	− 0.005	0.002
GN14	− 0.001	0.000	0.000	0.001	− 0.006	− 0.002
GN15	0.000	− 0.002	− 0.001	− 0.001	− 0.006	0.007
GN16	0.000	− 0.001	− 0.002	0.000	− 0.002	0.003

基准站点号	N 方向坐标变化量/m		E 方向坐标变化量/m		U 方向坐标变化量/m	
	2011—2010	2012—2011	2011—2010	2012—2011	2011—2010	2012—2011
GN17	0.002	− 0.002	− 0.001	0.000	− 0.012	0.006
GN18	0.002	− 0.001	− 0.001	− 0.001	− 0.011	0.006
GN19	− 0.001	− 0.001	− 0.001	0.001	− 0.012	0.007
GN20	0.000	0.000	0.000	0.001	− 0.006	0.002
GN21	− 0.001	0.000	− 0.001	− 0.002	− 0.008	0.004
GN22	0.000	− 0.002	− 0.001	− 0.002	− 0.012	− 0.004

综上，CQGNIS 系统基准站在 N、E、U 方向坐标变化较小，且稳定，能满足网络 RTK 技术对基准站坐标变化精度要求。

5 结 论

（1）基线处理完成后，对均方根残差和基线相对精度进行统计分析，若出现超限基线则需重新进行基线处理或剔除超限基线，再进行网平差，以保证数据处理的精度。

（2）CQGNIS 系统基准站稳定性较好，该系统提供的三维基准，可广泛应用于国土、规划、交通等领域。

（3）定期分析比较基准站稳定性，依据情况对基准站的三维地心坐标进行更新，以维持高精度的三维基准。

参考文献

[1] 蒋志浩，张鹏，李志才，等. 我国 GPS 跟踪站在汶川地震前后的运动特征分析[J]. 全球定位系统，2008（5）：6-10.

[2] HERRING T A，KING R W. GAMIT Reference Manual[M].Massachusetts Institute of Technology，Cambridge，2006.

[3] 谢继香，张洪银，童严文，等.Gamit 基线解算结果分析[J]. 青海科技，2011（4）.

作者简介 刘科，男，四川人，硕士，主要研究 GPS 数据处理。

结构光视觉系统误差分析与参数优化

刘俸材 [1, 2]　李爱迪 [1, 2]　马泽忠 [1, 2]

（1. 重庆市国土资源和土地房屋勘测规划院，重庆 400020；

2. 国家遥感应用工程技术研究中心重庆研究中心，重庆 400020）

摘　要　为提高结构光视觉系统的测量精度，建立了结构光视觉系统中结构参数对测量精度的影响模型。通过分析图像识别误差对结构光视觉系统测量精度的影响，导入结构光平面与摄像机光轴之间的夹角、测量物距、摄像机焦距等参数与测量误差之间的关系，建立相应的误差模型并确定各项参数对测量精度的影响。上述所有因素对测量精度的影响均通过实验证明，对结构光视觉系统的设计和使用具有一定的指导作用。

关键词　结构光视觉　精度分析　结构参数　测量原理　特征提取误差　参数优化

1　引　言

利用计算机视觉技术实现物体的三维扫描和场景恢复，在产品质量检测、机器人导航、逆向工程、物体识别以及文物保护和修复方面有着广阔的应用前景[1]，典型的计算机视觉技术有基于双目立体视觉技术的被动视觉测量和基于结构光视觉的主动视觉测量[2]，而双目立体视觉技术存在一个难以克服的问题，就是立体匹配，避免立体匹配的一种有效方法就是采用结构光视觉[3]。

目前，已经有很多学者对结构光视觉进行了深入的研究，取得了一定的成果[4-5]。然而极少有文献对结构光视觉测量系统进行精度分析，尤其是系统地讨论结构光视觉测量过程的各个结构参数对测量精度的影响的文献非常之少。文献[6]给出了一些优化结论，却没有对优化过程进行推导；文献[7]对视觉系统进行了误差分析，却没有得到明确的结论。因此，本文首先介绍结构光视觉测量原理，并建立基于结构光视觉的三维恢复模型，在此基础之上对结构光视觉系统的各个参数对测量精度的影响进行推导，最后通过实验对相应结论进行证明，对结构光视觉系统的误差分析及参数设计具有重要意义。

2　结构光视觉系统测量原理

结构光视觉测量原理如图 1 所示。图中，O_c 为摄像机的光心，$X_cY_cZ_cO_c$ 为摄像机坐标系，O_p 为投影仪的光心，$X_pY_pZ_pO_p$ 为投影仪坐标系。

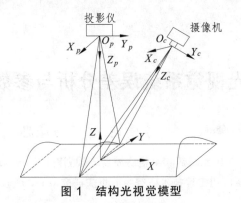

图 1   结构光视觉模型

由于投影仪投影的光平面在投影仪坐标系中的坐标可以通过投影仪的各项参数计算出来，并且投影在被测物体上的光条可以通过摄像机标定确定其在摄像机坐标系中应满足的关系，如果知道摄像机坐标系与投影仪坐标系之间的相对位置关系，则可以求解出被测物体上的光条在摄像机坐标系或者投影仪坐标系中的具体坐标。

2.1   求取特征点在摄像机坐标系中的坐标

根据张正友灵活标定算法[8]可知，世界坐标系中的任意点 $X_w = (x_w, y_w, z_w)$ 与其在图像坐标系中的对应点 (u, v) 存在如下关系：

$$c\begin{bmatrix} u \\ v \\ 1 \end{bmatrix} = \begin{bmatrix} \alpha & 0 & u_0 \\ 0 & \beta & v_0 \\ 0 & 0 & 1 \end{bmatrix} \begin{bmatrix} f & 0 & 0 & 0 \\ 0 & f & 0 & 0 \\ 0 & 0 & 1 & 0 \\ 0 & 0 & 0 & 0 \end{bmatrix} \begin{bmatrix} R & T \\ 0 & 1 \end{bmatrix} \begin{bmatrix} x_w \\ y_w \\ z_w \\ 1 \end{bmatrix}$$

$$= \begin{bmatrix} a_x & 0 & u_0 & 0 \\ 0 & a_y & v_0 & 0 \\ 0 & 0 & 1 & 0 \end{bmatrix} \begin{bmatrix} R & T \\ 0 & 1 \end{bmatrix} \begin{bmatrix} x_w \\ y_w \\ z_w \\ 1 \end{bmatrix} = M_1 M_2 X_w$$

$$= M X_w \tag{1}$$

式中，$\begin{bmatrix} a_x & 0 & u_0 \\ 0 & a_y & v_0 \\ 0 & 0 & 1 \end{bmatrix}$ 为摄像机内参数，$\begin{bmatrix} R & T \\ 0 & 1 \end{bmatrix}$ 为外参数，表示世界坐标系中的点 X_w 与摄像机光心 O_c 的相对位置关系，R 为旋转矩阵，T 为平移向量，f 为摄像机的焦距。通过摄像机标定，可求出摄像机的内参数矩阵，再结合摄像机内参数矩阵和点 X_w 在摄像机图像上的对应点在图像坐标系中的坐标，便可求出点 X_w 在摄像机坐标系中的坐标[9]。

2.2   求取特征点在投影仪坐标系中的坐标

为计算特征点在投影仪坐标系中的坐标，本文利用标定板中的 4 个角点作为特征点，如图 2 所示。本文分两步求取特征点在投影仪坐标系中的坐标，即先求取特征点在投影仪坐标系中的 XY 坐标，然后求取 Z 坐标。

图 2　标定版上的特征点

2.2.1　特征点在投影仪坐标系中的 XY 坐标

首先，固定好标定板并调节投影仪的位置，使投影仪的光轴垂直于标定板平面并通过由四个特征点构成的长方形的中心。为实现这个目标，我们可以通过投影一个十字光栅来检测投影仪的光轴是否通过特征点构成的长方形的中心；调节投影仪的位置并检测投影图像是否为完美的长方形来检验投影仪的光轴是否垂直于标定板平面。如果投影仪投影的图像为梯形，则投影仪的光轴与标定板平面不垂直，可以通过调节投影仪摆放姿态实现投影完美的长方形图像，从而确保投影仪的光轴垂直于标定板平面。

不失一般性，我们将标定板上特征点组成的长方形的中心作为世界坐标系的原点，X 轴水平向右，Y 轴竖直向下，Z 轴指向标定板里面。投影仪坐标系以投影仪光心为原点，三个轴的方向与世界坐标系相同。由于投影仪的光轴垂直于模板平面且穿过世界坐标系的原点，因此投影仪坐标系的 XY 平面与世界坐标系的 XY 平面平行，空间点在两个坐标系中的坐标只有 Z 轴方向存在差异。因此，四个特征点在世界坐标系和投影仪坐标系中具有相同的 X、Y 坐标，图中标定板每格的大小为 $30\,\text{mm} \times 30\,\text{mm}$，因此四个角点在世界坐标系中的坐标分别为 $(-60，-60，0)$、$(60，-60，0)$、$(-60，60，0)$、$(60，60，0)$，在投影仪中的坐标为 $(-60，-60，z)$、$(60，-60，z)$、$(-60，60，z)$、$(60，60，z)$。这里的 z 本质上就是世界坐标系和投影仪坐标系在 z 轴上的距离。

2.2.2　特征点在投影仪坐标系中的 Z 坐标

首先，将投影仪调整到一个合适的位置，要求投影仪的光轴垂直于模板平面且通过四个特征点构成的长方形的中心，记录下投影图像在模板平面上的宽度 L_1。然后将投影仪向后移动一段距离 L，并使得移动后的投影仪仍然满足光轴垂直于模板平面且通过四个特征点构成的长方形的中心，记录下投影仪投影图像的宽度 L_2，两次投影十字光栅校正投影仪的位置的图像如图 3 所示。

图 3　改变位置前后两次投影"十"字光栅

求取特征点在投影仪坐标系中的 z 坐标的原理如图 4 所示。为方便计算，我们将图 4 简化如图 5 所示。

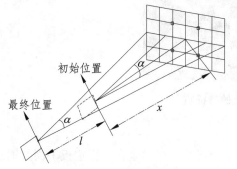 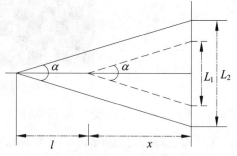

图 4　结构光视觉标定原理图　　　　　　图 5　结构光视觉标定原理简化图

由于 L、L_1、L_2 均为已知，因此我们很容易得到：

$$x = L_1 \times L/(L_2 - L_1) \qquad\qquad (2)$$

则：

$$z = x + L = L_1 \times L/(L_2 - L_1) + L \qquad\qquad (3)$$

在本文实验中，$L = 244$，$L_1 = 270$ mm，$L_2 = 390$ mm，则 $z = 793$ mm，故标定模板上的四个角点在投影仪坐标系中的坐标分别为：（ -60，-60，793 ）、（ 60，-60，793 ）、（ -60，60，793 ）、（ 60，60，793 ）。

计算出空间点在投影仪坐标系摄像机坐标系中的坐标后，便可以计算出投影仪坐标系和摄像机坐标系之间的相对位置关系。由于投影仪坐标系和摄像机坐标系均为笛卡儿坐标系，故可以通过公式（4）表示。

$$
\begin{bmatrix} x_p \\ y_p \\ z_p \\ 1 \end{bmatrix} = \begin{bmatrix} \boldsymbol{R} & \boldsymbol{T} \\ 0 & 1 \end{bmatrix} \begin{bmatrix} x_c \\ y_c \\ z_c \\ 1 \end{bmatrix} = \begin{bmatrix} r_{11} & r_{12} & r_{13} & t_x \\ r_{21} & r_{22} & r_{23} & t_y \\ r_{31} & r_{32} & r_{33} & t_z \\ 0 & 0 & 0 & 1 \end{bmatrix} \begin{bmatrix} \dfrac{c}{\alpha} \cdot (u_x - u_0) \\ \dfrac{c}{\beta}(v_x - v_0) \\ c \\ 1 \end{bmatrix} \qquad (4)
$$

式中，$\boldsymbol{T} = [t_x \quad t_y \quad t_z]$ 为摄像机光心与投影仪光心之间的平移向量，$\boldsymbol{R} = \begin{bmatrix} r_{11} & r_{12} & r_{13} \\ r_{21} & r_{22} & r_{23} \\ r_{31} & r_{32} & r_{33} \end{bmatrix}$ 为投影仪坐标系与摄像机坐标系之间的旋转矩阵，$(x_c \quad y_c \quad z_c)$ 为点 X_w 在摄像机坐标系中的坐标，$(x_p \quad y_p \quad z_p)$ 为点 X_w 在投影仪坐标系中的坐标。

通过前面的计算，X_w 在摄像机坐标系和在投影仪坐标系中的坐标均为已知，分别将四个特征点的对应坐标带入公式（4），可以计算出平移向量 $\boldsymbol{T}$ 和旋转矩阵 $\boldsymbol{R}$，结果如下：

$$R = \begin{bmatrix} 1 & 0.000\ 79 & -0.000\ 21 \\ -0.000\ 77 & 0.996\ 25 & 0.086\ 47 \\ 0.000\ 28 & -0.086\ 47 & 0.996\ 25 \end{bmatrix}$$

$$T = [-33.363\ 55 \quad -21.538\ 13 \quad -113.078\ 0]$$

由于投影仪投影的光栅条纹在投影仪坐标系中的 X、Y 坐标是已知的，且投影仪坐标系和摄像机坐标之间的相对位置关系也为已知，利用公式（4）便可计算出光栅条纹上的点在投影仪坐标系中的具体坐标，从而实现结构光视觉的三维恢复。

3　特征提取误差对测量精度的影响

由于 CCD 的每一个像素都具有一定的面积，一个无大小的理想点在 CCD 像素上的精确位置无法在图像上得到反映[10]。这就在根本上造成了像点坐标误差，即图像识别误差。通常，我们认为单个像素点的最大特征提取误差为 0.5δ（δ 表示像元尺寸大小），为计算特征提取误差对测量精度的影响，只需要将 x_p、y_p、z_p 分别对 u_x、v_x 求导即可。由公式（4）可得：

$$x_p = \frac{r_{11} \cdot c}{\alpha} \cdot (u_x - u_0) + \frac{r_{12} \cdot c}{\beta}(v_x - v_0) + r_{13} \cdot c + t_x \tag{5}$$

$$y_p = \frac{r_{21} \cdot c}{\alpha} \cdot (u_x - u_0) + \frac{r_{22} \cdot c}{\beta}(v_x - v_0) + r_{23} \cdot c + t_y \tag{6}$$

$$z_p = \frac{r_{31} \cdot c}{\alpha} \cdot (u_x - u_0) + \frac{r_{32} \cdot c}{\beta}(v_x - v_0) + r_{33} \cdot c + t_z \tag{7}$$

先将 x_p、y_p、z_p 分别对 u_x、v_x 求偏导可得：

$$\frac{\partial x_p}{\partial u_x} = \frac{r_{11} \cdot c}{\alpha}, \quad \frac{\partial x_p}{\partial v_x} = \frac{r_{12} \cdot c}{\beta} \tag{8}$$

$$\frac{\partial y_p}{\partial u_x} = \frac{r_{21} \cdot c}{\alpha}, \quad \frac{\partial y_p}{\partial v_x} = \frac{r_{22} \cdot c}{\beta} \tag{9}$$

$$\frac{\partial z_p}{\partial u_x} = \frac{r_{31} \cdot c}{\alpha}, \quad \frac{\partial z_p}{\partial v_x} = \frac{r_{32} \cdot c}{\beta} \tag{10}$$

现假设 Δx、Δy、Δz 为测量精度误差，Δu、Δv 为特征提取误差，根据上述公式可得：

$$\Delta x = \frac{r_{11} \cdot c}{\alpha} \cdot \Delta u = \frac{r_{12} \cdot c}{\beta} \cdot \Delta v \tag{11}$$

$$\Delta y = \frac{r_{21} \cdot c}{\alpha} \cdot \Delta u = \frac{r_{22} \cdot c}{\beta} \cdot \Delta v \tag{12}$$

$$\Delta z = \frac{r_{31} \cdot c}{\alpha} \cdot \Delta u = \frac{r_{32} \cdot c}{\beta} \cdot \Delta v \tag{13}$$

上面所有公式中，c 也是摄像机标定过程中的参数，均可以在摄像机标定阶段求解。因此，由公式（11）、（12）、（13）可知，测量误差 Δx、Δy、Δz 与特征提取误差 Δu、Δv 成正比，故特征提取误差越大，测量精度将直线下降，因此我们必须尽量减小特征提取误差。本文通过提取亚像素角点[11]将最大特征提取误差减小至 0.16 像素，将得到的测量误差与原始测量误差相对比，得到结果如表 1 所示。

表 1 提取亚像素角点前后的测量精度对比

测量物距（单位：mm）		300	400	500	600	700	800	900	1 000
原始测量误差（单位：mm）	Δx	0.346 7	0.462 2	0.577 8	0.693 4	0.808 9	0.924 5	1.040 0	1.155 5
	Δy	0.346 7	0.462 2	0.577 8	0.693 4	0.808 9	0.924 5	1.040 0	1.155 5
	Δz	0.693 3	0.924 4	1.155 6	1.386 7	1.617 8	1.848 9	2.080 0	2.311 1
亚像素提取后测量误差	Δx	0.115 6	0.154 1	0.192 6	0.231 1	0.269 7	0.308 2	0.346 7	0.385 2
	Δy	0.115 6	0.154 1	0.192 6	0.231 1	0.269 7	0.308 2	0.346 7	0.385 2
	Δz	0.231 1	0.308 1	0.385 2	0.462 2	0.539 3	0.616 3	0.693 3	0.770 4

4 结构参数对测量精度的影响

为弄清摄像机光轴与投影仪光轴之间的夹角对测量精度的影响，画出结构光视觉测量的误差模型如图 2 所示，在该图中，摄像机主轴与投影仪主轴之间的夹角为 α。空间点 P 在图像上的理想横坐标是 u_x，由于图像特征提取存在误差，空间点 P 在图像上的实际横坐标为 $u_x + \delta$。其中，δ 为最大特征提取误差。pp'' 平行于摄像机主轴，$p''p'$ 平行于 X 轴并与摄像机主轴垂直。

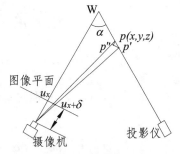

图 6 特征提取误差对测量精度的影响图

由图 6 可知，由特征提取误差导致 Z 轴的测量误差可用 pp'' 表示，X 轴方向的测量误差可以表示为 $p''p'$。由图 6 可知，X 轴方向的测量误差与 Z 坐标值和特征提取误差 δ 的大小成正比，与摄像机焦距成反比。

$$\Delta x = p''p' = \frac{z}{f} \cdot \delta \tag{14}$$

由图 2 可知，Z 轴方向的测量误差与 X 轴方向的测量误差成正比，则：

$$\Delta z = \frac{\Delta x}{\tan \alpha} = \frac{z \cdot \delta}{f \cdot \tan \alpha} \tag{15}$$

由公式（14）、公式（15）可知，摄像机主轴与投影仪主轴之间的夹角对 X 轴方向的测量精度没有影响，但是对 Z 轴方向的测量精度有影响，当两主轴之间的夹角 α 小于 45°时，Z 轴方向的测量误差随着夹角 α 的减小而急剧增大。当两主轴之间的夹角 α 大于 45°时，Z 轴方向的测量误差随着夹角 α 的增大而缓慢减小。但是如果夹角 α 太大，则标定精度又大幅下降，因此夹角不能太小而又不宜太大，通常选取 45°左右。

5 测量物距对测量精度的影响

在结构光视觉测量系统中，物距可以用被测物体在摄像机坐标系中的 Z 坐标值来表示。因此，由公式（13）可知，随着物距的增大，X 轴方向的测量误差随之增大。由公式（15）可知，Z 轴方向的测量误差也随着物距的增大而线性增大。由于 Y 轴与 X 轴计算公式相同，故可知 Y 轴方向的测量精度也随之物距的增大而线性增大。为检验上述理论，本文选取物距 300 mm 到 1 000 mm 之间的多个数值进行实验，得到实验结果如图 7 所示。

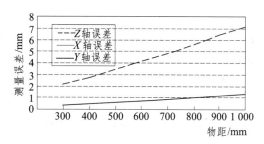

图 7   测量误差与物距的关系图

上图中，由于 X 轴与 Y 轴的计算原理及像元尺寸、Z 坐标值等影响因素完全相同，故两个方向的测量误差完全相同，在图上红色和黄色的两条线完全重叠。

6 摄像机焦距对测量精度的影响

由公式（11）、（12）可以看出，随着摄像机焦距的增大，结构光视觉系统的测量误差将非线性变小。为检验上述结论，本文实验利用可变焦的维视 MV1303-UM 摄像机，摄像机光轴与投影仪光轴夹角为 30°，分别测量其焦距为 4.5 mm 和 10.0 mm 时，在物距为 300 ~ 1 000 mm 的测量误差，误差结果如表 2 所示。

表 2   摄像机焦距对测量精度的影响

物距（单位：mm）		300	400	500	600	700	800	900	1 000
4.5 mm 焦距	Δx	0.115 6	0.154 1	0.192 6	0.231 1	0.269 7	0.308 2	0.346 7	0.385 2
	Δy	0.115 6	0.154 1	0.192 6	0.231 1	0.269 7	0.308 2	0.346 7	0.385 2
	Δz	0.231 1	0.308 1	0.385 2	0.462 2	0.539 2	0.616 3	0.693 3	0.770 4
10 mm 焦距	Δx	0.052 2	0.069 3	0.086 7	0.104 0	0.121 3	0.138 7	0.156 0	0.174 2
	Δy	0.052 2	0.069 3	0.086 7	0.104 0	0.121 3	0.138 7	0.156 0	0.174 2
	Δz	0.104 5	0.138 7	0.173 3	0.207 8	0.242 7	0.277 3	0.312 0	0.348 3

7 结束语

分析了结构光视觉系统测量原理模型，深入讨论了各项参数对测量精度的影响，结论如下：①测量误差与特征提取误差成正比，特征提取误差越大，测量误差越大，反之亦然。

② 摄像机光轴与投影仪光轴之间的夹角对 Z 轴存在明显影响，当夹角小于 45°时，Z 轴误差随着夹角的减小而急剧增大；当夹角大于 45°时，随着夹角的增大而缓慢减小；而对 X 轴和 Y 轴测量误差没有明显影响。③ 测量物距对测量误差的影响是线性的，测量物距越大，测量误差随之增大。④ 摄像机焦距与测量误差成反比，摄像机焦距越大，测量误差越小，精度越高。

参考文献

[1] THOMAS P K，LUC V G. Real—time range acquisition by adaptive structured light [J]. IEEE，2006，28（3）：432-445.

[2] 田庆国，葛宝臻，杜朴. 基于激光三维扫描的人体特征尺寸测量[J]. 光学精密工程，2007，15（1）：84-88.

[3] ZHOU F，ZHANG G，JIANG J. Construction feature points for calibration a structure light vision sensor by viewing a plane from unknown orientations[J]. Optics and lasers in Engineering 2005，43（10）：1056-1070.

[4] 丁建军，蒋庄德，李兵，等. 线结构光扫描测头误差分析与补偿方法[J].西安交通大学学报，2008，42（3）：286-290.

[5] 许丽，张之江. 结构光测量系统的误差传递分析[J]. 光学精密工程，2009，17（2）：306-313.

[6] 邹媛媛，赵明扬，张雷，等. 结构光视觉传感器误差分析与结构分析[J]. 仪器仪表学报，2008，29（12）：2605-2610.

[7] 薛婷. 三维视觉监测仪器化关键技术研究[D]. 天津：天津大学，2006.

[8] HEATH M T. Scientific Computing：an introductory survey[M]. Beijing：Tsinghua University Press，2005.

[9] 刘俸材，谢明红，王伟. 双目视觉的立体标定算法[J]. 计算机工程与设计，2011，32（4）：1508-1512.

[10] 张维光，赵宏. 线结构光多传感器三维测量系统误差校正方法[J]. 西安交通大学学报，2011，45（6）：75-80.

[11] 侯建辉,林意. 自适应的 Harris 棋盘格角点检测算法[J]. 计算机工程与设计，2009，30（20）：4741-4743.

作者简介

刘俸材（1985—   ），男（汉族），重庆市忠县人，硕士，主要研究领域为计算机视觉。

李爱迪（1979—   ），男（汉族），四川资阳人，软件工程硕士，高级工程师。

马泽忠（1972—   ），男（土家族），重庆市石柱县人，博士后，正研级高级工程师。

基于投影仪和摄像机的结构光视觉标定方法

刘俸材 [1, 2]　李爱迪 [1, 2]　马泽忠 [1, 2]

（1. 重庆市国土资源和土地房屋勘测规划院，重庆 400020；

2. 国家遥感应用工程技术研究中心重庆研究中心，重庆 400020）

摘　要　为实现基于投影仪和摄像机的结构光视觉系统连续扫描，需要计算投影仪投影的任意光平面与摄像机图像平面的空间位置关系，进而需要求取摄像机光心与投影仪光心之间的相对位置关系。首先求取摄像机的内参数，然后在标定板上选取四个角点作为特征点并利用摄像机内参数求取该四个特征点的外参数，从而知道四个特征点在摄像机坐标系中的坐标。再利用投影仪自身参数求解特征点在投影仪坐标系中的坐标，从而计算出摄像机光心与投影仪光心之间的相对位置关系，实现结构光视觉标定。最后利用标定后的视觉系统，对标定板上的角点距离进行测量，最大相对误差为 0.277%，表明该标定算法可以应用于基于投影仪和摄像机的结构光视觉系统。

关键词　结构光视觉　标定方法　摄像机标定　三维恢复

1　引　言

利用计算机视觉技术实现三维物体的扫描和场景恢复，在产品质量检测、机器人导航、逆向工程、物体识别以及文物保护和修复等方面有着广阔的应用前景[1]。典型的计算机视觉技术有基于双目立体视觉技术的被动视觉测量和基于结构光视觉的主动视觉测量[2]，而双目立体视觉技术存在一个难以克服的问题，就是立体匹配，避免立体匹配的一种有效方法就是采用结构光视觉[3]。

结构光视觉传感器的标定过程包括两部分，一是摄像机内参数的标定，二是结构光参数标定即求取光栅与摄像机之间的相对位置关系[4]。摄像机内参数的标定已经有通用的算法[5]，因此摄像机传感器标定的主要内容就是结构光参数标定。目前，已经有很多学者对结构光参数标定进行了深入的研究，取得了一定的成果。如 R.Dewar 和 K.W.James 使用的"拉丝法"[6]、段发阶提出的"锯齿把法"[7]、Reid 于 1996 年提出的一种由已知平面和图像点的匹配直接获得摄像机像平面点与结构光光平面点的转换关系的方法[8]。但是目前，所有的结构光视觉标定算法都只求解摄像机图像平面与特定的结构光平面的位置关系，而一旦光平面的空间位置发生了改变，则需要通过重新标定才能求取新的空间点坐标。

为实现结构光视觉一次性标定后，可以实现任意光平面的三维测量，本文通过求取摄像机光心和投影仪光心之间的相对位置关系，可以确定摄像机图像平面与投影仪投射的任何光平面的空间位置关系，从而实现对投影仪投影的任意光栅位置进行测量。

2　结构光视觉模型

结构光视觉测量原理如图1所示。图中，O_c 为摄像机的光心，$X_cY_cZ_cO_c$ 为摄像机坐标系；O_p 为投影仪的光心，$X_pY_pZ_pO_p$ 为投影仪坐标系。

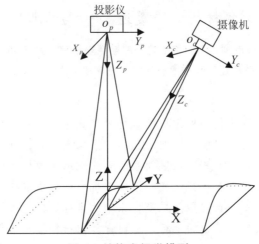

图1　结构光视觉模型

由于投影仪投影的光平面在投影仪坐标系中的坐标可以通过投影仪的各项参数计算出来，并且投影在被测物体上的光条可以通过摄像机标定确定其在摄像机坐标系中应满足的关系，如果知道摄像机坐标系与投影仪坐标系之间的相对位置关系，则可以求解出被测物体上的光条在摄像机坐标系或者投影仪坐标系中的具体坐标[9]。如何求取摄像机坐标系与投影仪坐标系之间的旋转矩阵 **R** 和平移向量 **T**，即摄像机光心和投影仪光心之间的相对位置关系，就是本文要解决的问题。

3　特征点在投影仪坐标系中的坐标

本文利用标定板中的4个角点作为特征点，该4个特征点构成一个长方形，如图2所示。通过计算该四个角点在投影仪坐标系和摄像机坐标系中的坐标，求取投影仪光心和摄像机光心之间的相对位置关系。本文分两步求取特征点在投影仪坐标系中的坐标，即先求取特征点在投影仪坐标系中的 XY 坐标，然后求取 Z 坐标。

图2　标定版上的特征点

3.1 特征点在投影仪坐标系中的 *XY* 坐标

首先，固定好标定模板并调节投影仪的位置，使投影仪的光轴垂直于模板平面并通过由四个特征点构成的长方形的中心。为实现这个目标，我们可以通过投影一个十字光栅来检测投影仪的光轴是否通过特征点构成的长方形的中心。为实现投影仪的光轴垂直于标定模板平面，我们可以通过调节投影仪的位置并检测投影图像是否为完美的长方形。如果投影仪投影的图像为梯形，则投影仪的光轴于模板平面不垂直，可以通过调节投影仪摆放姿态实现投影完美的长方形图像。

不失一般性，我们将标定板上特征点组成的长方形的中心作为世界坐标系的原点[10]，*X* 轴水平向右，*Y* 轴竖直向下，*Z* 轴指向标定板里面。投影仪坐标系以投影仪光心为原点，三个轴的方向与世界坐标系相同。由于投影仪的光轴垂直于模板平面且穿过世界坐标系的原点，因此投影仪坐标系的 *XY* 平面与世界坐标系的 *XY* 平面平行，空间点在两个坐标系中的坐标只有 *Z* 轴方向存在差异。因此，四个特征点在世界坐标系和投影仪坐标系中具有相同的 *X*、*Y* 坐标，图中标定板每格的大小为 30 mm × 30 mm，因此四个角点在世界坐标系中的坐标分别为（−60，−60，0）、（60，−60，0）、（−60，60，0）、（60，60，0），在投影仪中的坐标为（−60，−60，z）、（60，−60，z）、（−60，60，z）、（60，60，z）。这里的 z 本质上就是世界坐标系和投影仪坐标系在 z 轴上的距离[11]。

3.2 特征点在投影仪坐标系中的 *Z* 坐标

首先，将投影仪调整到一个合适的位置，要求投影仪的光轴垂直于模板平面且通过四个特征点构成的长方形的中心，记录下投影图像在模板平面上的宽度 L_1。然后将投影仪向后移动一段距离 L，并使得移动后的投影仪仍然满足光轴垂直于模板平面且通过四个特征点构成的长方形的中心，记录下投影仪投影图像的宽度 L_2，两次投影十字光栅校正投影仪的位置的图像如图 3 所示。

 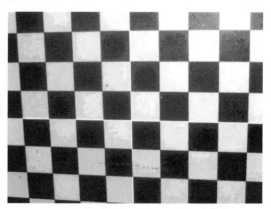

图 3 初始位置投影"十"字光栅　　　　图 4 改变位置后投影"十"字光栅

求取特征点在投影仪坐标系中的 z 坐标的原理如图 5 所示。为方便计算，我们将图 5 简化如图 6 所示。

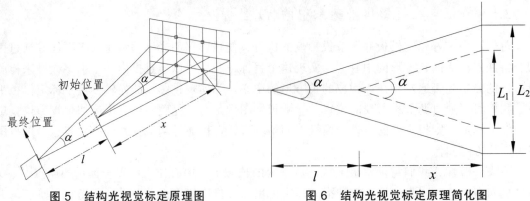

图 5　结构光视觉标定原理图　　　　　图 6　结构光视觉标定原理简化图

由于 L、L_1、L_2 均为已知，因此我们很容易得到：

$$x = L_1 \times L / (L_2 - L_1) \tag{1}$$

则：

$$z = x + L = L_1 \times L / (L_2 - L_1) + L \tag{2}$$

在本文实验中，$L = 244$ mm，$L_1 = 270$ mm，$L_2 = 390$ mm，则 $z = 793$ mm，故标定模板上的四个角点在投影仪坐标系中的坐标分别为：（-60，-60，793）、（60，-60，793）、（-60，60，793）、（60，60，793）。

4　结构光视觉标定

由于摄像机坐标系和投影仪坐标系均为正交坐标系[12-14]，故我们可以用一个 3×3 的矩阵 R 和 3×1 的向量 T 来表示上述两个坐标系之间的相对位置关系。设某空间点在投影仪坐标系中的点为（x_p, y_p, z_p），在摄像机坐标系中的点为（x_c, y_c, z_c），则有：

$$\begin{bmatrix} x_c \\ y_c \\ z_c \end{bmatrix} = R \cdot \begin{bmatrix} x_p \\ y_p \\ z_p \end{bmatrix} + T = \begin{bmatrix} r_{11} & r_{12} & r_{13} \\ r_{21} & r_{22} & r_{23} \\ r_{21} & r_{32} & r_{33} \end{bmatrix} \cdot \begin{bmatrix} x_p \\ y_p \\ z_p \end{bmatrix} + \begin{bmatrix} t_x \\ t_y \\ t_z \end{bmatrix} \tag{3}$$

由公式（3）可得：

$$x_c = r_{11}x_p + r_{12}y_p + r_{13}z_p + t_x \tag{4}$$

$$y_c = r_{21}x_p + r_{22}y_p + r_{23}z_p + t_y \tag{5}$$

由于投影仪的光轴垂直于标定板并通过四个特征点构成的长方形的中心，故可以用（$-x, -y, z$）、（$x, -y, z$）、（$-x, y, z$）、（x, y, z）来表示四个角点的在投影仪坐标系中的坐标。再利用张正友灵活标定算法求取四个特征点在摄像机坐标系中的坐标，并将这四个特征点的坐标值代入（4）、（5）便可求解 $r_{11}, r_{12}, r_{21}, r_{22}, r_{31}, r_{32}$。又由于矩阵 R 是单位正交矩阵[15]，故

$$r_{13} = \pm\sqrt{1 - r_{11}^2 - r_{12}^2}, \quad r_{23} = \pm\sqrt{1 - r_{21}^2 - r_{22}^2}, \quad r_{33} = \pm\sqrt{1 - r_{31}^2 - r_{32}^2} \tag{6}$$

最后，结合 $r_1 \cdot r_2 = 0$ 和 $r_1 \cdot r_2 = 0$ 确定 r_{13}、r_{23}、r_{33} 的符号，从而计算出 r_{13}、r_{23}、r_{33}。再将矩阵 R 的相应元素代入公式（3），从而计算出 t_x、t_y、t_z。至此，已经成功求取摄像机光心与投影仪光心之间的相对位置关系，即旋转矩阵 R 和平移向量 T。本文实验结果如下：

$$R = \begin{bmatrix} 1 & 0.000\,79 & -0.000\,21 \\ -0.000\,77 & 0.996\,25 & 0.086\,47 \\ 0.000\,28 & -0.086\,47 & 0.996\,25 \end{bmatrix}, \quad T = \begin{bmatrix} -33.363\,55 \\ -21.538\,13 \\ -113.078\,10 \end{bmatrix}$$

5　投影任意光栅的三维测量

为计算投影仪投影在被测物体上的任意光栅条纹在投影仪坐标系中的坐标，现将投影仪投影模型简化如图 7 所示。图中，虚线和实线投影仪分别代表标定阶段移动前和移动后的投影仪位置。假设投影仪的投影夹角为 α，则有：

$$\tan(\alpha/2) = \frac{L_2}{2} \bigg/ (x+d) = \frac{L_2}{2} \bigg/ \frac{L_2 d}{L_2 - L_1} = (L_2 - L_1)/2d \tag{7}$$

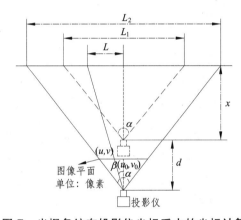

图 7　光栅条纹在投影仪坐标系中的坐标计算

现设屏幕图像中心的坐标为（u_0，v_0），屏幕图像宽度为 $2w$（单位：像素），横坐标为 u 的光栅条纹与投影仪主轴的夹角为 β，则有：

$$|u - u_0| \bigg/ \frac{w}{\tan\dfrac{\alpha}{2}} = \tan\beta \tag{8}$$

现将式（7）代入式（8）可得：

$$\tan\beta = \frac{|u - u_0| \cdot \tan\dfrac{\alpha}{2}}{w} = \frac{|u - u_0| \cdot (L_2 - L_1)}{2dw} \tag{9}$$

因此，屏幕图像上的任意光栅平面（假定横坐标为 u）在投影仪坐标系中的坐标为：

$$x = \tan\beta \cdot z = \frac{|u - u_0| \cdot (L_2 - L_1)}{2dw} \cdot z \tag{10}$$

设被测物体上的光栅点在摄像机坐标系中的坐标为 $(x_c \quad y_c \quad z_c)$，在投影仪坐标系中的坐标为 $(x_p \quad y_p \quad z_p)$，则有：

$$\begin{bmatrix} x_p \\ y_p \\ z_p \\ 1 \end{bmatrix} = \begin{bmatrix} r_{11} & r_{12} & r_{13} & t_x \\ r_{21} & r_{22} & r_{23} & t_y \\ r_{31} & r_{32} & r_{33} & t_z \\ 0 & 0 & 0 & 1 \end{bmatrix} \begin{bmatrix} x_c \\ y_c \\ z_c \\ 1 \end{bmatrix} = \begin{bmatrix} R & T \\ 0 & 1 \end{bmatrix} \begin{bmatrix} x_c \\ y_c \\ z_c \\ 1 \end{bmatrix} \tag{11}$$

上式中，3×3 的旋转矩阵 R 和 3×1 的平移向量 T 已通过结构光视觉标定求解。由于光栅在屏幕图像中的横坐标 u 为已知，且投影仪坐标系中的点满足公式（10），则：

$$x_p = \tan\beta \cdot z = \frac{|u - u_0| \cdot (L_2 - L_1)}{2dw} \cdot z_p = pz_p \tag{12}$$

上式中，L_1、L_2、d 为标定过程中的已知量，w 为显示器屏幕宽度的一半（单位：像素），u_0 为屏幕中心像素的横坐标，p 为标定系数。

由摄像机成像原理可得，摄像机坐标系中的点 $(x_c \quad y_c \quad z_c)$ 与其在采集得到的图像上的对应点的坐标 (u_x, v_x) 满足如下关系：

$$c \begin{bmatrix} u_x \\ v_x \\ 1 \end{bmatrix} = \begin{bmatrix} \alpha & 0 & u_0 \\ 0 & \beta & v_0 \\ 0 & 0 & 1 \end{bmatrix} \begin{bmatrix} x_c \\ y_c \\ z_c \end{bmatrix} = MX_c \tag{13}$$

上式中，M 为 3×3 的摄像机内参数矩阵，已通过第二章摄像机标定求解，c 为变量系数。对于摄像机采集得到的图像上的任意点 (u_x, v_x)，根据公式（13）可得：

$$\begin{bmatrix} x_c \\ y_c \\ z_c \end{bmatrix} = c \begin{bmatrix} \alpha & 0 & u_0 \\ 0 & \beta & v_0 \\ 0 & 0 & 1 \end{bmatrix}^{-1} \begin{bmatrix} u_x \\ v_x \\ 1 \end{bmatrix} = \frac{c}{\alpha \cdot \beta} \begin{bmatrix} \beta & 0 & -\beta \cdot u_0 \\ 0 & \alpha & -\alpha \cdot v_0 \\ 0 & 0 & \alpha \cdot \beta \end{bmatrix} \begin{bmatrix} u_x \\ v_x \\ 1 \end{bmatrix} \tag{14}$$

由公式（14）可得：

$$\begin{cases} x_c = \dfrac{c}{\alpha \cdot \beta}(\beta \cdot u_x - \beta \cdot u_0) = \dfrac{c}{\alpha} \cdot (u_x - u_0) \\[2mm] y_c = \dfrac{c}{\alpha \cdot \beta}(\alpha \cdot v_x - \alpha \cdot v_0) = \dfrac{c}{\beta}(v_x - v_0) \\[2mm] z_c = \dfrac{c}{\alpha \cdot \beta} \cdot \alpha \cdot \beta = c \end{cases} \tag{15}$$

现将式（15）中计算所得 (x_c, y_c, z_c) 代入公式（11）可得：

$$\begin{bmatrix} x_p \\ y_p \\ z_p \\ 1 \end{bmatrix} = \begin{bmatrix} R & T \\ 0 & 1 \end{bmatrix} \begin{bmatrix} x_c \\ y_c \\ z_c \\ 1 \end{bmatrix} = \begin{bmatrix} r_{11} & r_{12} & r_{13} & t_x \\ r_{21} & r_{22} & r_{23} & t_y \\ r_{31} & r_{32} & r_{33} & t_z \\ 0 & 0 & 0 & 1 \end{bmatrix} \begin{bmatrix} \dfrac{c}{\alpha} \cdot (u_x - u_0) \\ \dfrac{c}{\beta}(v_x - v_0) \\ c \\ 1 \end{bmatrix} \tag{16}$$

上式中，c 为未知参数，因此要求解 $(x_p \quad y_p \quad z_p)$，至少需要四个方程，而公式（34）实际上只有三个方程，现结合公式（12）可得：

$$\begin{bmatrix} p \cdot z_p \\ y_p \\ z_p \\ 1 \end{bmatrix} = \begin{bmatrix} R & T \\ 0 & 1 \end{bmatrix} \begin{bmatrix} x_c \\ y_c \\ z_c \\ 1 \end{bmatrix} = \begin{bmatrix} r_{11} & r_{12} & r_{13} & t_x \\ r_{21} & r_{22} & r_{23} & t_y \\ r_{31} & r_{32} & r_{33} & t_z \\ 0 & 0 & 0 & 1 \end{bmatrix} \begin{bmatrix} \frac{c}{\alpha} \cdot (u_x - u_0) \\ \frac{c}{\beta}(v_x - v_0) \\ c \\ 1 \end{bmatrix} \quad (17)$$

在公式（17）中，旋转矩阵 $\boldsymbol{R}$ 和平移向量 $\boldsymbol{T}$ 已通过结构光视觉标定求解，故公式（1）中，我们可以通过三个方程求解三个未知数，从而可计算出 $(x_p \quad y_p \quad z_p)$ 及参数 c。

由于 (u_x, v_x) 为显示屏幕上的任意点的坐标，因此，可以利用该方法求取投影仪投影在物体上的任意光栅条纹在投影仪坐标系或者摄像机坐标系中的坐标，从而实现连续快速的扫描和测量。

6 实验与结论

本实验使用维视 MV-1300UM 摄像机（分辨率均为 640×480，像元尺寸为 5.2 μ×5.2 μ）和明基 DS550 数字投影仪组成结构光视觉系统并进行标定，用标定后的结构光视觉系统测量精度较高的标定板（角点数为 15×9，每格的大小为 30 mm×30 mm）上各角点之间的距离，并与双目立体视觉系统[16]测量的结果进行比较，测量结果和比较图分别如表 1 所示。

表 1　测量结果

角点距离（单位：mm）		30.00	60.00	120.00	180.00	240.00	300.00	360.00	420.00	450.00
本文算法	测量结果（mm）	30.083	60.115	120.154	180.192	240.231	300.269	360.308	420.346	450.385
	相对误差（%）	0.277	0.192	0.128	0.106	0.0976	0.900	0.086	0.082	0.086
双目视觉	测量结果（mm）	30.231	60.346	120.462	180.577	240.693	300.808	360.924	421.040	451.157
	相对误差（%）	0.770	0.577	0.385	0.321	0.289	0.269	0.257	0.248	0.257

通过表 1 的数据可以看出，采用本文算法标定结构光视觉系统的测量精度明显高于双目立体视觉系统，其相对误差小于 0.3%，仅为双目立体视觉系统的三分之一左右，其绝对误差也小于 0.4 mm。实验结果表明该结构光视觉标定算法可以应用于工艺品扫描、文物保护和恢复等领域。由于结构光视觉系统的测量精度主要受系统标定误差、图像特征提取误差、测量物距等因素的影响，可以通过多次标定视觉系统求取平均值、利用亚像素特征提取算法、减小测量物距等方法，进一步提高测量精度。

7 结束语

利用数字投影仪和摄像机组成结构光视觉系统，再利用张正友灵活标定算法求取摄像机内参数以及标定板上的四个特征点在摄像机坐标系中的坐标，接着计算四个特征点在投影仪坐标系中的坐标，从而求取摄像机光心与投影仪光心之间的相对位置关系，实现结构光视觉标定。结合投影仪自身的参数，求取投影仪投影的任意光平面与摄像机坐标系之间的空间位置关系，因此可以求解投影仪投影在被测物体上的任意光栅的空间坐标，实现三维测量和扫描。并通过对精度误差为 0.05 mm 的标定板进行多次测量，实验结果的最大相对误差为 0.277%，表明该方法可以应用于标定基于投影仪和摄像机的结构光视觉系统。

参考文献

[1] THOMAS P K, LUC V G. Real—time range acquisition by adaptive structured light[J]. IEEE, 2008, 28（3）: 432-445.

[2] 陈天飞, 马孜, 吴翔. 基于主动视觉标定线结构光传感器中的光平面[J]. 光学精密工程, 2012, 20（2）: 256-264.

[3] 吴彰良, 卢荣胜, 宫能刚, 等. 线结构光视觉传感器结构参数优化分析[J]. 传感技术学报, 2004, 8（4）: 709-712.

[4] WANG A Q, QIU T SH, SHAO L T. A simple method of radial distortion correction with center of distortion estimation[J]. Journal of Mathematical Imaging and Vision, 2009, 35: 165-172.

[5] 段发阶, 刘凤梅, 叶声华. 一种新型线结构光传感器结构参数标定方法[J]. 仪器仪表学报, 2000, 21（1）: 108-110.

[6] 侯建辉, 林意. 自适应的 Harris 棋盘格角点检测算法[J]. 计算机工程与设计, 2009, 30（20）: 4741-4743.

[7] 孙军华, 张广军. 结构光视觉传感器通用现场标定方法[J]. 机械工程学报, 2009, 45（3）: 174-177.

[8] 张维光, 赵宏. 线结构光多传感器三维测量系统误差校正方法[J]. 西安交通大学学报, 2011, 45（6）: 75-80.

[9] GARY BRADSKI, ADRIAN KAEBLER. Learning OpenCV[M]. Beijing: Tsinghua University press, 2009.

[10] ZHANG ZHENGYOU. A flexible New Technique For Camera Calibration [J]. IEEE Transactions on Pattern Analysis And Machine Intelligence, 2000, 22（11）: 1330-1334.

[11] 周富强, 蔡雯华. 基于一维靶标的结构光视觉传感器标定[J]. 机械工程学报, 2010, 46（18）: 7-13.

[12] ZHANG G X, LIU S G, QIU Z R. Non-contact measurement of sculpltured surface of rotation[J]. Chinese Journal of Mechanical Engineering, 2004, 17（4）: 571-173.

[13] 陈天飞, 马孜, 吴翔. 基于主动视觉标定线结构光传感器中的光平面[J]. 光学精密工程, 2012, 20（2）: 256-264.

测巴渝山水　绘桑梓宏图

[14] DAVID A，FORSYTH，JEAN PONCE. Computer Vsion—A Modern Approch[M]. Beijing：Tsinghua University press，2004.

[15] 薛婷. 三维视觉监测仪器化关键技术研究[D]. 天津：天津大学，2006.

[16] 刘俸材，李爱迪，马泽忠. 结构光视觉系统误差分析与参数优化[J]. 计算机工程与设计，2013，34（2）：757-761.

作者简介

刘俸材（1985—　），男（汉族），重庆市忠县人，硕士，主要研究领域为计算机视觉。

李爱迪（1979—　），男（汉族），四川资阳人，软件工程硕士，高级工程师。

马泽忠（1972—　），男（土家族），重庆市石柱县人，博士后，正研级高级工程师。

附　重庆市优秀测绘地理信息学术论文录

序号	论文题目	奖励等级	作者姓名	作者所在单位	获奖年度
1	资源三号卫星影像的融合方法研究及评价	二等奖	周　群、楚　恒、罗再谦	重庆数字城市科技有限公司	2011—2012年度
2	基于多波束测量数据的航道可通航性分析	二等奖	黎　力、李　振、蒋宇雯	重庆市国土资源和房屋勘测规划院	2011—2012年度
3	基于小波理论的桥梁变形监测数据处理与分析	一等奖	石　频、李忠仁、刘　娜	重庆地矿测绘院	2011—2012年度
4	港珠澳大桥沉管预制端钢壳安装测量技术	三等奖	何元甲、田远福、王爱民	中交二航局第二工程有限公司	2011—2012年度
5	基于LIDAR的3D产品制作方法及其精度评定	三等奖	何　静、何忠焕	国家测绘地理信息局重庆测绘院	2011—2012年度
6	温泉大道边坡稳定性评价与形变监测预报分析研究	一等奖	李宏博、史先琦、陈复中	重庆欣荣土地房屋勘测技术研究所	2013—2014年度
7	大型建筑结构长期安全健康监测系统设计	一等奖	祝小龙、向泽军、谢征海等	重庆市勘测院	2013—2014年度
8	山地地区高分卫星影像正射纠正研究	一等奖	罗　鼎、袁　超、胡　艳	重庆市地理信息中心	2013—2014年度
9	面向智慧城市的物联网服务平台设计与应用	一等奖	张　溪、王　伟、黄递全	国家测绘地理信息局重庆测绘院	2013—2014年度
10	激光扫描技术在重庆罗汉寺文物保护工程中的应用	二等奖	黄承亮	重庆市勘测院	2013—2014年度
11	GM(1,1)模型在基坑监测中的应用	二等奖	陈朝刚、邓　科、傅光彩	重庆市勘测院	2013—2014年度
12	基于重庆市GNSS综合服务系统的北斗增强系统建设	二等奖	夏定辉、肖　勇、吴　寒	重庆市地理信息中心	2013—2014年度
13	重庆似大地水准面精化建设与成果的应用分析	二等奖	肖　勇、夏定辉、吴　寒	重庆市地理信息中心	2013—2014年度
14	基于FME Server的地理国情信息整合发布技术研究	二等奖	张　溪、朱　熙、谢艾伶	国家测绘地理信息局重庆测绘院	2013—2014年度
15	面向地理国情普查的快速DOM生产方法	二等奖	魏永强、齐东兰	国家测绘地理信息局重庆测绘院	2013—2014年度
16	SAR卫星遥感制图空间分辨率与成图比例尺关系分析	二等奖	丁洪富、黎　力	重庆市国土资源和房屋勘测规划院	2013—2014年度
17	重庆市国土资源GNSS网络信息系统基准站网数据质量分析关键技术研究	二等奖	马泽忠、杨　凯	重庆市国土资源和房屋勘测规划院	2013—2014年度
18	CPIII技术在变形监测中的应用	三等奖	岳仁宾、张　恒、李　超	重庆市勘测院	2013—2014年度

测巴渝山水　绘桑梓宏图

序号	论文题目	奖励等级	作者姓名	作者所在单位	获奖年度
19	构建独立坐标系与 CGCS2000 坐标系转换关系的研究	三等奖	刘万华、叶水全	重庆市勘测院	2013—2014 年度
20	不同行业建筑工程面积测量要求的分析	三等奖	杨本廷	重庆市勘测院	2013—2014 年度
21	智慧城市时空信息云平台建设初探	三等奖	李 林	重庆市地理信息中心	2013—2014 年度
22	基于成对约束半监督降维的高光谱遥感影像特征提取	三等奖	钱 进、罗 鼎	重庆市地理信息中心	2013—2014 年度
23	基于 AMSR-E 数据反演华北平原冬小麦单散射反照率	三等奖	吴凤敏、柴琳娜、张立新、蒋玲梅、杨俊涛	重庆市地理信息中心	2013—2014 年度
24	遥感影像拼接缝消除算法改进研究	三等奖	付云洁	国家测绘地理信息局重庆测绘院	2013—2014 年度
25	模拟 InSAR 干涉图的方法研究	三等奖	于晓歆	国家测绘地理信息局重庆测绘院	2013—2014 年度
26	基于 CASS 数据的基础地理信息数据建库技术研究	三等奖	李巍巍、许庆领、何 静	国家测绘地理信息局重庆测绘院	2013—2014 年度
27	CQGNIS 系统基准站数据处理与稳定性分析	三等奖	刘 科、马泽忠、胡渝清、孔庆勇、杨洪黔	重庆市国土资源和房屋勘测规划院	2013—2014 年度
28	结构光视觉系统误差分析与参数优化	三等奖	刘俸材、李爱迪、马泽忠	重庆市国土资源和房屋勘测规划院	2013—2014 年度
29	基于投影仪和摄像机的结构光视觉标定方法	三等奖	刘俸材、李爱迪、马泽忠	重庆市国土资源和房屋勘测规划院	2013—2014 年度

编后记

　　测绘和地理信息行业是现代服务业，但测绘学却是一门古老而又年轻的学科，它在人类早期的军事、水利、农业等活动中逐渐成长起来，随着经济的发展和科技水平的提高，测绘学科的内涵和外延也在不断地发生变化。尤其是本世纪以来，随着遥感、导航定位、地理信息系统、计算机、通信、物联网等有关学科的迅猛发展，测绘地理信息科学已成为一门融合多个学科知识，社会化应用广泛的综合性学科。党的十八大提出实施创新驱动发展战略，强调科技创新是提高社会生产力和综合国力的战略支撑，必须摆在国家发展全局的核心位置。这是中央在新的发展阶段确立的立足全局、面向全球、聚焦关键、带动整体的国家重大发展战略。创新是测绘地理信息科学发展的不竭源泉和动力，这离不开广大科技工作者和从业人员的聪明才智和勤奋努力。

　　"十二五"期间，重庆市测绘地理信息行业已初步建立了信息化测绘体系，测绘管理体系、基础设施体系、地理空间信息资源、公共服务水平和科技创新成果取得了长足的进步。近年来，重庆市测绘地理信息行业科技创新工作发展势头良好，搭建了院士专家工作站、博士后工作站等一系列创新平台，获得部市级科技进步奖48项，部市级优秀工程奖128项。人才是科技创新发展的第一要素，离开了高素质人才，创新无从谈起。近年来，重庆市测绘地理信息行业各个专业领域的拔尖人才不断涌现，一方面技术能手在历届全国测绘地理信息行业职业技能竞赛中表现突出，两名选手先后获得了全国五一劳动奖章；另一方面人才的创新和理论研究成果不断丰富，高水平学术论文、发明专利和软件著作权等创新性成果的数量和质量不断攀升，科研成果得到了国内同行广泛认可，与国内先进省市创新水平的差距逐渐缩小。

　　2013年至今，为进一步推动测绘地理信息行业科技发展，在市科协的悉心指导下，在市规划局正确领导下，重庆市测绘地理信息学会共发起组织了两届重庆市优秀测绘地理信息学术论文评选活动。该项活动的主旨是为了鼓励重庆市测绘地理信息科技人员，尤其是青年科技工作者勇于创新，将创新成果以论文的形式展现出来，让更多的业内人士及时掌握和分享行业发展动态，促进成果在工程实践得到检验与推广。每届优秀论文获奖者代表在一年一度近200人参会的重庆市测绘地理信息学会学术年会上宣读获奖论文，与参会人员讨论和分享新思想、新观点，碰撞出创新的火花。本论文集共计收录了在近两届重庆市优秀测绘地理信息学术论文评选活动中涌现的优秀论文 29 篇，其中涵盖工程测量、大地测量、不动产测绘、测绘航空摄影、摄影测量与遥感、地理信息系统工程等专业领域，作者分别是来自市内的甲、乙级测绘单位的一线科技人员。我们希望通过本论文集的出版，吸引更多的测绘科技工作者参与重庆市优秀测绘地理信息学术论文评选活动，将更多的优秀论文向读者呈现，促进重庆市测绘地理信息科技进步。

在优秀测绘论文的评选活动中得到了南方测绘仪器公司重庆分公司的支持，在本书的编辑过程中钱进同志作了大量的工作，其出版得到西南交通大学出版社的帮助，在此谨表示衷心的感谢！

编　者

2016 年 9 月 13 日